开启花季智慧科普丛书

头脑的风暴

——成功之道

刘刚◎编著

陕西新华出版传媒集团

太白文艺出版社

图书在版编目(CIP)数据

头脑的风暴：成功之道/刘刚编著. —西安：太白文艺出版社，2012. 12 (2017. 2 重印)

(开启花季智慧科普丛书/刘刚主编)

ISBN 978-7-5513-0362-0

Ⅰ.①头… Ⅱ.①刘… Ⅲ.①思维方法—青年读物②思维方法—少年读物 Ⅳ.①B804-49

中国版本图书馆 CIP 数据核字(2012)第 263147 号

头脑的风暴——成功之道

TOUNAO DE FENGBAO——CHENGGONG ZHI DAO

主　　编　刘　刚

编　　著　刘　刚

责任编辑　王大伟　荆红娟　李　丹

封面设计　梁　宇

版式设计　刘兴福

出版发行　陕西新华出版传媒集团

　　　　　太白文艺出版社

　　　　　(西安北大街147号　710003)

经　　销　新华书店

印　　刷　三河市恒升印装有限公司

开　　本　700mm×960mm　1/16

字　　数　105 千字

印　　张　10

版　　次　2012 年 12 月第 1 版第 1 次印刷

　　　　　2017 年 2 月第 2 次印刷

书　　号　ISBN 978-7-5513-0362-0

定　　价　19.80 元

前 言 •••

　　青少年"好像早上八九点钟的太阳，希望寄托在你们身上"。诚如毛泽东同志所言，青少年朝气蓬勃，充满理想，敢于追逐，勇于实践。在他们身上有着无尽的可能，无穷的希望。一方面，我们对他们寄予殷切的希望，希望他们能实现自己身上所有的可能性，有所建树，有所成就。另一方面，我们也明白，青少年时期是人生最重要的转折点之一。转折得好，人生就会向着积极的方向发展；可是如果没有转折好，也极有可能向着消极的方向堕落。这也是投向我们希望的曙光中，一抹挥之不去的阴影，萦绕在我们心头，使我们如坐针毡，如芒在背。

　　"玉不琢，不成器。人不学，不知义。"古人云，"少而好学，如日出之阳。"这里的"学"，不单单指的是学习课本上的知识，更重要的是如何立志修身，为人处世。面对人生中可能碰到的种种顺境与逆境、困难和挫折，并且最终战胜它们，实现你的理想。其实，我们的先贤对青少年的教育也不是只重知识而轻修养，更不是在他们童蒙未开之时就灌输一些他们尚不能理解的大道理、空口号，而是非常重视教育内容的选择。譬如，童年先教其"洒扫应对"之道，即基本的自处和与人交往的礼节。然后，等他们少年之时，教其礼、乐、射、御、书、数，即礼节、音乐、射箭、御车、书法、算术等基本的知识，其中也蕴含着人格的修养。及至其青年之时，乃入大学，这时候有了之前知识和修养的基础和准备，才教其格物、致知、诚意、正心、修身、齐家、治国、平天下之大道。古人认为按照这样的程序对青少年进行教育，才能培养出知识全面、人格健全的人才。"可以托六尺之孤，可以寄百里之命"，可以"穷则独善其身，达则兼济天下"。

时代在前进，观念在变化。但是我们对青少年的希望和古人是一样的。有些规律性的已经由时间证明的成功的经验，我们还是应当汲取。

所以在这套《开启花季智慧科普丛书》中，我们是希望在课本之外，为青少年的人格修养、人品塑造、人生道路提供一些有益的建议和指导，使他们尽可能地有所收获，少走弯路，更加顺利和健康地成长，并为他们今后的发展打下一个坚实厚重的基础——不单单是知识和学业上的基础。

丛书内容几乎覆盖了我们所能想到的各个方面，从学会面对压力和挫折，到如何培养激励自己；从与人交往之道，到懂得感恩与回馈；从学会读书到守望智慧；从树立远大理想到培养高尚情操……在材料选择上，我们也颇费苦心，力图既富有时代气息，又贴近青少年心理，同时减少说教的口吻。

当然，丛书编得究竟如何，最终还是要看它能不能得到广大青少年的喜爱和认可。限于水平，书中错误之处，尚请方家指正。同时也欢迎各位读者提出宝贵的意见和建议。

目　录 Contents

心态：成功的关键

Life, should strive to make it better.

生活，就应当努力使之美好起来。

——Лев Толстой（俄国文学巨匠列夫·托尔斯泰）

人生在世，哪一个不渴望成功，但并非人人如愿。其实，人与人之间只有很小的差异，这很小的差异就是心态，很大的差异就是不同的心态产生的结果。虽然影响成功的因素很多，但决定因素仍是心态。只要调整好心态，就能促进其他因素的好转，从而达到成功的目的。

积极心态唤醒无限潜力

永远也不要消极地认定什么事情是自己不可能做到的。首先你要认为自己能，要去尝试，再尝试，最后你就会发现你确实能。

一般而言，人生中的许多事情我们是能够做到的，只是我们不知道自己能够做到；但如果我们坚持前进，就能做到。

汤姆·邓普西刚生下来的时候只有半只左脚和一只畸形的右手，父母从不让他因为自己的残疾而感到不安。结果，他能做到任何健全男孩所能做的事。如果童子军团行军十里，汤姆也同样可以走完十里。

后来，他学踢橄榄球。他发现，自己能把球踢得比在一起玩的男孩都远。他的父母请人为他专门设计了一只鞋子，参加了踢球测验，并且得到了冲锋队的一份合约。

1

但是教练却尽量婉转地告诉他，说他"不具备做职业橄榄球员的条件"，促请他去试试其他的事业。最后他申请加入新奥尔良圣徒球队，并且请求教练给他一次机会。教练虽然心存怀疑，但是看到这个男孩这么自信，对他有了好感，因此就收下了他。

两个星期之后，教练对他的好感加深了，因为他在一次友谊赛中踢出了 55 码远并且为本队挣得了分。这使他获得了专为圣徒队踢球的工作，而且在那一季中为他的球队挣得了 99 分。

他一生中最伟大的时刻到来了。那天，球场上坐了 6.6 万名球迷。球是在 28 码线上，比赛只剩下了几秒钟。这时球队把球推进到 45 码线上。"邓普西，进场踢球。"教练大声说。

当汤姆进场时，他知道他的队距离得分线有 55 码远，那是由巴第摩尔雄马队的毕特·瑞奇踢出来的。

球传接得很好，邓普西用尽全力一脚踢在球身上，球笔直地前进，但是踢得够远吗？6.6 万名球迷屏住气观看，球在球门横栏之上几英寸的地方越过，接着终端得分线上的裁判举起了双手，表示得了 3 分，汤姆队以 19 比 17 获胜。球迷狂呼乱叫，为踢得最远的一球而兴奋，因为这是只有半只脚和一只畸形手的球员踢出来的！

"真令人难以相信！"有人感叹道，但是邓普西只是微笑。他想起他的父母，他们一直告诉他的是他能做什么，而不是他不能做什么，他之所以创造出这么了不起的纪录，正如他自己说的："他们从来没有告诉我，我有什么不能做的。"

这个生动的事例告诉我们，永远不要消极地认定什么事情是自己不可能做到的。首先你要认为自己能，要去尝试，再尝试，最后你就会发现你确实能。

我年轻的时候，抱着要做一名作家的雄心。我知道，要达到这个目的，自己必须精于遣词造句，文字将是我的工具。但是由于我小的时候家里很穷，接受的教育并不完整，因此"善意的朋友"就告诉我，说我的雄心是"不可能"实现的。

于是年轻的我存钱买了一本最好的、最完全的、最漂亮的字典，我所需要的字都在这本字典里面，而我的想法是要完全了解和掌握这些字。但是我做了一件奇特的事，我找到"不可能"这个词，用小剪刀把它剪下来，然后丢掉。于是我有了一本没有"不可能"的字典。以后，我把自己的整个事业建立在这个前提上，那就是对一个要成长，而且要成长得超过别人的人来说，没有任何事情是不可能的。

　　当然，我并不建议你从你的字典中把"不可能"这三个字剪掉，而是建议你要从你的心智中把这个观念铲除掉。谈话中不提它，想法中排除它，态度中去掉它。抛弃它，不再为它提供理由，不再为它寻找借口。把这三个字和这个观念永远地抛开，而用光明灿烂的"可能"来代替它。

　　我们当中的许多人认为自己不是有经验的失败者就是无经验的胜利者。其实，我们在有经验的失败者与无经验的胜利者之间做抉择。我们可以成为胜利者，获胜的经验愈多，就愈具备胜利者的特征。这不但适用于球队、个人，也适用于你。

　　当我们全力以赴时，不管结果如何，我们都是赢了。因为全力以赴所带来的个人满足，使我们都成为赢家。兰狄·马丁在1972年参加了第一届波士顿马拉松比赛。这次比赛全程超过26英里，而且是在起伏很大的山坡地进行。马丁博士后来说，每一位到达终点的人都有奖品。大部分赛跑者在参加比赛时，都不敢相信他们会赢，但是每一位跑完全程的人都是胜利者，因为好好做完一件事的真正报酬，就是把它做出来。你在跟自己竞争，这才是最重要的。没有一件事比尽力而为更能使你满足，也只有这时候你才会发挥最好的能力，尽力而为给你带来一种特殊的权利，一种自我超越的胜利。一位世界冠军曾说："尽你最大的努力做这件事，比你做得好还重要。"

　　潜能，是一种对外界刺激感应很敏锐的东西；而且它一旦被唤醒，仍需要不断地教育和鼓励，例如有音乐、艺术天赋的人必须注意培养和坚持一样。否则，潜能和才能会像鲜花一样容易枯萎或凋零。

　　假使我们有潜能而不想去实现它，那么我们的潜能将不能保持一种锐利而坚定的状态，我们的天赋也将变得迟钝而失去能力。

爱默生说："我最需要的，是一种能够使我尽我所能的人。"

也就是说，"尽我所能"是我自己的事。不是尽拿破仑或林肯所能，而是尽我自己的所能。我能够在我的生命中贡献出最好的，或最坏的，能够运用我的能力达到100％、15％、25％，或90％，对于世界、自己，都将产生非常不同的结果。让我们看看下面这一情形吧！

"戴维斯先生，我的孩子马歇尔在你店里有何长进？"

农夫约翰·费尔特一面焦急地望着正在招呼顾客的儿子马歇尔，一面向他的老板打探着儿子的近况。

"约翰，我们是老朋友了。我本来不愿意伤你的心，但是，你知道，我是个坦率的人，为了你孩子的前途，我不得不说老实话。"

在费尔特的真诚期待下，戴维斯继续向他谈论着马歇尔的事："马歇尔是个好孩子，本性不坏；但是他个性过于诚朴，不够机智。即使让他留在我店里一千年，也学不会像一个真正的商人，他生来就没有一个商人的样子。你最好还是把他带回乡下去，教他去学着耕地吧！"如果马歇尔·费尔特当时真的一直留在戴维斯的店中当一个伙计，他这一辈子确实不会有什么转机。幸好，他也没有跟随父亲回到乡下，而是独自跑到芝加哥去闯天下了。

初到芝加哥，马歇尔只得到处去寻找适合自己的职业。在谋职的过程中，尽管有诸多的不顺，但他也并非一无所获。那些征聘伙计的老板，都这样告诫他：我从前也是从干最苦的工作和拿最低微的工资一步步奋斗过来的。正是有这些已出人头地的神奇斗士做榜样，使他几乎泯灭的志气突然被唤醒，从此他心中燃起决心做一个大商人的希望之火。他一遍遍地反问自己："他们都可以做出如此神奇的事来，我为什么不能？"

经过多年的艰苦奋斗和长期不懈的努力，马歇尔·费尔特终于成为闻名世界的大商人。他非常感谢戴维斯先生当年对他的那种轻视所产生的刺激。

诚然，马歇尔也许原本就有成为一个大商人的资质的。不过，戴维斯的忠告，的确唤醒了他隐伏的潜力，打碎了他仰人鼻息的酣梦，帮助他摆脱得过且过的环境，促使他到大都市去奋斗，从而取得了最终的成功。

一般人常以为潜能是天生的，是无法被我们加以改进的。但是实际上，大多数人的潜能，都是被人唤醒，或是受刺激而突发的。

我们中间的大多数人都具有非凡的潜在能力，但这种潜能在大部分时间里都处在酣睡蛰伏状态，它一旦被唤醒，就会做出许多不凡的事情来。

一念之间

成功人士运用积极心态、黄金定律支配自己的人生，他们始终用积极的思考、乐观的精神和辉煌的经验支配和控制自己的人生；失败人士受过去的种种失败与疑虑所引导和支配，他们空虚、猥琐、悲观失望、消极颓废，最终走向了失败。

成功人士的首要标志，就在于他的心态。一个人如果心态积极，乐观地面对人生，乐观地接受挑战和应付麻烦事，那他就成功了一半。

我们必须面对这样一个客观的事实：在这个世界上，成功卓越者少，失败平庸者多。成功卓越者活得充实、自在、潇洒，失败平庸者过得空虚、艰难、猥琐。

为什么会这样？

仔细观察，比较一下成功者与失败者的心态，尤其是关键时候的心态，我们就会发现"心态"导致人生惊人的不同。

在推销员中，广泛流传着一个这样的故事：两个欧洲人到非洲去推销皮鞋。由于炎热，非洲人向来都是打赤脚。第一个推销员看到非洲人都打赤脚，立刻失望起来："这些人都打赤脚，怎么会要我的鞋呢？"于是放弃努力，失败沮丧而回；第二个推销员看到非洲人都打赤脚，惊喜万分："这些人都没有鞋穿，这里皮鞋市场大得很呢。"于是想方设法，引导非洲人购买皮鞋，最后成功而归。

这就是一念之差导致的天壤之别。同样是非洲市场，同样面对打赤脚的非洲人，由于一念之差，一个人灰心失望，不战而败；而另一个人满怀信心，大获全胜。

拿破仑·希尔曾讲过这样一个故事，对我们每个人都有启发。

塞尔玛陪伴丈夫驻扎在一个沙漠的陆军基地里。她丈夫奉命到沙漠里去演习，她一个人留在陆军的小铁皮房子里，天气热得受不了——在仙人掌的阴影下也有38℃。她没有人可谈天说地，只有墨西哥人和印第安人，而他们不会说英语。她非常难过，于是就写信给父母，说要丢开一切回家去。她父亲的回信只有两行，这两行信却永远留在她的心中，完全改变了她的生活：

两个人从牢中铁窗望出去，

一个看到泥土，一个却看到了星星。

塞尔玛一再读这封信，觉得非常惭愧。她决定要在沙漠中找到星星。

塞尔玛开始和当地人交朋友，他们的反应使她非常惊奇。她对他们的纺织品、陶器表示感兴趣，他们就把最喜欢但舍不得卖给观光客人的纺织品和陶器送给了她。塞尔玛研究那些引人入迷的仙人掌和各种沙漠植物、物态，又学习有关土拨鼠的知识。她观看沙漠日落，还寻找海螺壳，这些海螺壳是几万年前，这沙漠还是海洋时留下来的……原来难以忍受的环境变成了令她兴奋、流连忘返的奇景。

是什么使赛尔玛的内心有这么大的转变？

沙漠没有改变，印第安人也没有改变，但是赛尔玛的念头改变了，心态改变了。一念之差，使她把原先认为恶劣的情况变为一生中最有意义的冒险。她为发现新世界而兴奋不已，并为此写了一本书，以"快乐的城堡"为书名出版了。她从自己造的牢房里看出去，终于看到了星星。

生活中，失败平庸者多，主要是心态观念有问题，遇到困难，他们只是挑选容易的倒退之路。他们用消极心态对自己说："我不行了，我还是退缩吧。"结果陷入失败的深渊。成功者遇到困难，仍然保持着积极的心态，用"我要！我能！""一定有办法"等积极的意念鼓励自己，于是便能想尽办法，不断前进，直至成功。爱迪生实验失败几千次，从不退缩，最终成功地创造了照亮世界的电灯。

因此，成功学的始祖拿破仑·希尔说，一个人能否成功，关键在于他的心态。成功人士与失败人士的差别在于成功人士有积极心态，而失败人士则运用消极的心态去面对人生。

运用积极心态支配自己人生的人，拥有积极奋发、进取、乐观的心态，他们能乐观向上地正确处理人生遇到的各种困难、矛盾和问题。运用消极心态支配自己人生的人，心态悲观、消极、颓废，不敢也不去积极解决人生所面对的各种问题、矛盾和困难。

有些人总喜欢说，他们现在的境况是别人造成的，环境决定了他们的人生位置。但实际上，我们的境况不是周围环境造成的。说到底，如何看待人生，由我们自己决定。纳粹德国某集中营的一位幸存者维克托·弗兰克尔说过："在任何特定的环境中，人们都还有一种最后的自由，就是选择自己的态度。"

马尔比·D·马布科克说："最常见同时也是代价最高昂的一个错误，就是认为成功有赖于某种天才，某种魔力，某些我们不具备的东西。"可是成功的要素其实掌握在我们自己的手中。成功是运用积极心态的结果。一个人能飞多高，并非取决于人的其他因素，而是由他的心态所制约。

拿破仑·希尔告诉我们，我们的心态在很大程度上决定了我们人生的成败：

1. 我们怎样对待生活，生活就怎样对待我们。

2. 我们怎样对待别人，别人就怎样对待我们。

3. 我们在一项任务刚开始时的心态决定了最后有多大的成功，这比任何其他因素都重要。

4. 人们在任何重要组织中地位越高，就越能找到最佳的心态。

难怪有人说，我们的环境——心理的、感情的、精神的——完全由我们自己的态度来创造。

有了积极心态并不能保证事事成功，但积极心态肯定会改善一个人的日常生活，虽然并不能保证他凡事心想事成，但是只有当积极心态和事业成功定律紧密结合后，才会达到成功的彼岸。反之，持消极心态的人则一定不能成功。拿破仑·希尔说，从来没有见过持消极心态的人能够取得持续的成功。

让心态奏响命运的乐章

心态能使你成功，也能使你失败，成功是由那些抱有积极心态并付诸行动的人所取得的。同一件事抱有两种不同的心态其结果则相反，心态决定人的命运。

为什么有些人就是比其他的人更成功，赚更多的钱，拥有不错的工作、良好的人际关系、健康的身体，整天快快乐乐，拥有高品质的人生，似乎他们的生活就是比别人过得好，而许多人忙忙碌碌地劳作却只能维持生计。其实，人与人之间并没有多大的区别。但为什么有许多人能够获得成功，能够克服万难去建功立业，有些人却不行？

不少心理学专家发现，这个秘密就是人的"心态"。一位哲人说："你的心态就是你真正的主人。"一位伟人说："要么你去驾驭生命，要么是生命驾驭你。你的心态决定谁是坐骑，谁是骑师。"

大概是40年前，南非某贫穷的乡村里，住着兄弟俩。他们受不了穷困的环境，便决定离开家乡，到外面去谋发展。大哥好像幸运些，被奴隶主卖到了富庶的旧金山，弟弟却被卖到很穷困的菲律宾。

40年后，兄弟俩又幸运地聚在一起。今日的他们，已今非昔比了。做哥哥的，当了旧金山的侨领，拥有两间餐馆、两间洗衣店和一间杂货铺，而且子孙满堂。子孙们有些继承衣钵，又有些成为杰出的工程师或电脑专家等科技专业人才。

弟弟呢？居然成了一位享誉世界的银行家，拥有东南亚相当分量的山林、橡胶园和银行。经过几十年的努力，他们都成功了。但为什么兄弟两人在事业上的成就，却有如此的差别呢？

兄弟相聚，不免谈谈分别以来的遭遇。哥哥说："我们黑人到白人的社会，既然没有什么特别的才干，唯有用一双手煮饭给白人吃，为他们洗衣服。总之，白人不肯做的工作，我们黑人统统顶上了，生活是没有问题的，但事业却不敢奢望了。例如我的子孙，书虽然读得不少，也不敢妄想，只有安分守己地去担当一些中层的技术性工作来谋生。至于要进入上层的白人社会，相信是很难办到的。"

看见弟弟这般成功，做哥哥的，不免羡慕弟弟的幸福。弟弟却说："幸运是没有的。初来菲律宾的时候，担任些低贱的工作，但发现当地的人有些是比较愚蠢和懒惰的，于是便接下他们放弃的事业，慢慢地不断收购和扩张，生意便逐渐做大了。"

以上是真实的故事，它告诉我们：影响我们人生的绝不仅仅是环境，心态控制了个人的行动和思想。同时，心态也决定了自己的视野、事业和成就。

有两位70岁的老太太，一位认为到了这个年纪可算是人生的尽头，于是便开始料理后事；另一位却认为一个人能做什么事不在于年龄的大小，而在于有什么样的想法。于是，她在70岁高龄之际开始学习登山，其中几座还是世界上有名的山。并且还以95岁高龄登上了日本的富士山，打破了攀登此山年龄最高的纪录。她就是著名的胡达·克鲁斯老太太。

70岁开始学习登山，这乃是一大奇迹。但奇迹是人创造出来的。成功人士的首要标志，是他思考问题的方法。一个人如果是个积极思维者，实行积极思维、喜欢接受挑战和应对麻烦事，那他就成功了一半。胡达·克鲁斯老太太的壮举正验证了这一点。

一个人能否成功，就看他的态度了。成功人士与失败者之间的差别是：成功人士始终用最积极的思考、最乐观的精神和最辉煌的经验支配和控制自己的人生。失败者则刚好相反，他们的人生是受过去的种种失败与疑虑所引导和支配的。

心态：人生的双刃剑

　　某山城有一家纺织厂，经济效益不好，工厂决定让一批人下岗。在这一批下岗人员里有两位女性，她们都四十岁左右，一位是大学毕业生，工厂的工程师，另一位则是普通女工。就智商而论，这位工程师的智商无疑超过了那位普通工人，然而，她们对待下岗的态度却大不一样，也就是说，在下岗这件事上，她们的心态大不一样，而正是这种不同的心态决定了她们不同的命运。

　　智商高的女工程师下岗了！这成了全厂的一个热门话题，人们纷纷议论着、嘀咕着。女工程师对人生的这一变化深怀怨恨。她愤怒过、她骂过、她也吵过，但都无济于事。因为下岗人员的数目还在不断增加，别的工程师也开始下岗了。然而，尽管如此，她的心理却仍不平衡，她始终觉得下岗是一件丢人的事。她的心态渐渐地由愤怒转化成了抱怨，又由抱怨转化成了内疚。她整天都闷闷不乐地待在家里，不愿出门见人，更没想到要重新开始自己的人生，孤独而忧郁的心态控制了她的一切，包括她的智商。她本来就血压高，身体弱，她忧郁的心态又总是把自己的注意力集中到下岗这件事上。她内心一直都在拒绝这一变化，但这一变化又实实在在地摆在了面前，她无法解脱。没过多久，她就带着忧郁的心态和不低的智商孤寂地离开了人世。

　　另一位普通女工的心态却大不一样，她很快就从下岗的阴影里解脱了出来。她想别人既然能生活下去，自己就也能生活下去。她还萌生了一个信念——一定要比以前活得更好！从此以后，她的内心没有了抱怨和焦虑，她平心静气地接受了现实。说来也怪，平心静气的心态让她变得聪明起来，她发现了自己以前从来没有认真注意过的长处，那就是她对烹调非常内行。就这样，在亲戚朋友的支持下，她开起了一个小小的火锅店。由于她发挥了自己的长处，她经营的火锅店生意十分红火，仅一年多，她就还清了借款。现在她的火锅店的规模已扩大了几倍，成了山城里小有名气的餐馆，她自己也确实过上了比在工厂时更好的生活。

一个是智商高的工程师，一个是智商一般的普通女工，她们都曾面临着同样一个困境——下岗，但为什么她们的命运却迥然不同呢？原因就在于她们各自的心态不同。

女工程师的心态始终处在忧郁之中，这样的心态使得她对自己的人生不可能做出一个公正的评价，更不可能重新扬起生活的风帆。她完完全全沉溺在自己孤独的内心之中。一个人一旦拥有了这样的心态，其智商就犹如明亮的镜子被蒙上了一层厚厚的灰土，根本就不可能映照万物。所以，尽管女工程师的智商高，但在面对生活的变化之时，她的心态却阻碍了其智商的发挥。不仅如此，她的心态还把她的智商引向了负面，使她的智商在埋怨和忧郁的方向上发挥出了威力。换句话说，就是她的智商越高，她的抱怨就越深，她的忧郁就越有分量。而与之相反，另一位普通女工的智商虽然一般，但她平和的心态不仅使自己的智商得到了淋漓尽致的发挥，而且还决定了其性质是正面的、积极的，所以，她获得了成功，过上了比以前更好的日子。

记得去年春节回家乡时，听说了这两位女性的故事后，我便陷入了深深的思索中。我想，这智商与心态之间的关系，就像是汽车发动机与方向盘的关系一样。发动机决定着汽车动力的大小，智商也决定着人能力的大小，但是方向盘却决定着动力的方向，同理，心态也决定着智商的方向。正如西方一位心理学家所说：

心态是横在人生之路上的双向门，人们可以把它转到一边，进入成功；也可以把它转到另一边，进入失败。

所以，智商高不如心态好，只有好的心态才能调动智商向着成功的方向迈进。

如同一枚硬币的两面，人生也有正面和背面。光明、希望、愉快、幸福……这是人生的正面；黑暗、绝望、忧愁、不幸……这是人生的背面。你选择哪一面？

有一位日本武士，叫信长。有一次面对实力比他的军队强十倍的敌人，他决心打胜这场硬仗，但他的部下却表示怀疑。

信长在带队前进的途中让大家在一座神社前停下。他对部下说："让我们在神面前投硬币问卜。如果正面朝上，就表示我们会赢，否则就是输，我们就撤退。"部下赞同了信长的提议。

信长进入神社，默默祷告了一会儿，然后当着众人的面投下一枚硬币。大家都睁大了眼睛看——正面朝上！大家欢呼起来，人人充满勇气和信心，恨不能马上就投入战斗。

最后，他们大获全胜。一位部下说："感谢神的帮助。"

信长说道："是你们自己打赢了战斗。"他拿出那枚问卜的硬币，硬币的两面都是正面！

这个故事告诉我们，你要想赢得人生，心态就不能总处在消极的状态，那只会使你沮丧、自卑，徒增烦恼，还会影响你的身心健康，结果，你的人生就可能被失败的阴影遮蔽了它本该有的光辉。

明代陆绍珩说："敢于世上放开眼，不向人间浪皱眉。"

一个人生活在世上，就要敢于"放开眼"，而不要动不动就皱眉头。

"放开眼"和"皱眉头"就是面对人生的两种不同的心态。你选择正面，你就能乐观自信地舒展眉头，迎对一切；你选择背面，你就只能是眉头紧锁，郁郁寡欢，最终成为人生的失败者。

你听说过"两个女人一条腿"的故事吗？她们一个叫艾美，是美国姑娘；另一个叫希茜，是英国姑娘。她们聪明、美貌，但都有残疾。

艾美出生时两腿没有腓骨。一岁时，她的父母做出了充满勇气但备受争议的决定：截去艾美的膝盖以下部位。艾美一直在父母的怀抱和轮椅中生活。后来，她装上了假肢，凭着惊人的毅力，她现在能跑、能跳舞和滑冰。她经常在女子学校和残疾人会议上演讲，还做模特，频频成为时装杂志的封面女郎。

与艾美不同的是，希茜并非天生残疾，她曾参加英国《每日镜报》

的"梦幻女郎"选美，一举夺冠。1990 年她赴南斯拉夫旅游，决定侨居异国。当地内战期间，她帮助设立难民营，并用做模特赚来的钱设立希茜基金，帮助因战争致残的儿童。1993 年 8 月，在伦敦她被一辆警车撞倒，肋骨断裂，还失去左腿，但她没有被这一生活的不幸击垮。她后来奔走于车臣、柬埔寨，像戴安娜王妃一样呼吁禁雷，为残疾人争取权益。

也许是一种缘分，希茜和艾美在一次会见国际著名假肢专家时相识。她们现在情同姐妹。

她们虽然肢体不全，但不觉得这是什么了不得的人生憾事，反而觉得这种奇特的人生体验，给了她们坚韧的意志和生命力。她们现在使用着假肢，行动自如。但在坐飞机经过海关检测时，金属腿常引发警报器铃声大作。只有在这时，才显出两位大美人的腿与众不同。

只要不掀开遮盖着膝盖的裙子，几乎没有人能看出两位美女套着假肢。她们常受到人们的赞叹："你的腿长得真美，看这曲线，看这脚踝，看这脚指甲涂得多鲜红！"

她们中的艾美说："我虽然截去双腿，但我和世界上任何女性没有什么不同。我爱打扮，希望自己更有女人味。"

你看这姐俩，她们几乎忘了自己是残疾人。她们没有工夫去自怨自艾，人生在她们眼里仍是那么美好。也有异性在追求她们，她们和别的肢体健全的姑娘一样，也有着自己的爱情。

请展开你紧皱的眉头吧，不要陷入生活中不如意的一面而心烦意乱，情绪消沉。也许下面这个叫杰里的小伙子的故事，会使你更深地体会到"选择人生正面"的积极意义。

杰里是个饭店经理，他的心态总是很好。当有人问他近况如何时，他总是回答："我快乐无比。"

如果哪位同事心态不好，他就会告诉对方怎么去选择事物的正面。他说："每天早上，我一醒来就对自己说，杰里，你今天有两种选择，你可以选择心情愉快，也可以选择心情不好。我选择心情愉快。每次有坏事情发生，你可以选择成为一个受害者，也可以选择从中学些东西。我选择后者。人生就是选择，你选择如何去面对各种处境。归根结底，你自己选择如何面对人生。"

有一天，他忘记了关后门，被三个持枪的歹徒拦住了。歹徒朝他开了枪。

幸运的是事情发现得早，杰里被送进了急诊室。经过18个小时的抢救和几个星期的精心治疗，杰里出院了，只是仍有小部分弹片留在他体内。

6个月后，他的一位朋友见到了他。朋友问他近况如何，他说："我快乐无比，想不想看看我的伤疤？"朋友看了伤疤，然后问当时他想了些什么。杰里答道："当我躺在地上时，我对自己说有两个选择：一是死，一是活。我选择了活。医护人员都很好，他们告诉我我会好的。但在他们把我推进急诊室后，我从他们的眼中读到了'他是个死人'。我知道我需要采取一些行动。"

"你采取了什么行动？"朋友问。

杰里说："有个护士大声问我：'有没有对什么东西过敏？'我马上回答：'有的。'这时，所有的医生、护士都停下来等我说下去。我深深吸了一口气，然后大声吼道：'子弹！'在一片大笑声中，我又说道：'请把我当活人来医，而不是死人。'"

杰里就这样活下来了。

这是法新社一篇稿子讲的故事。这个故事要告诉我们的就是：人生充满了选择，而心态就是一切。

积极：幸福的开始

想获得幸福的人应采取积极的心态，这样，幸福就会被吸引和聚集到他的身边。那些态度消极的人不会吸引幸福，只会排斥幸福。

林肯曾经说过："我一直认为：如果一个人决心想获得某种幸福，那么他就能得到这种幸福。"其实，人与人之间原本只有很小的差别，但这种很小的差别却往往造成了巨大的差异！

毫无疑问，一辈子能够做你想做的事是最幸福的。然而究竟谁有能力决定你的未来是幸福还是不幸呢？答案只有一个——你自己。

美国一位相当具有知名度的电视主持人，有一回邀请某位老人在他的节目中接受访问。这位老者在节目中所说的话并没有预先备妥，也未事先排演过，但是，由于他说话的内容十分朴实、自然、得当，因此每次话音未落，总会使人开怀大笑，受到了观众们的热烈欢迎。当然，这位主持人也因感染了其中的温馨气氛而愉悦不已。

由于好奇，这位主持人禁不住问这位老人："您为何会这样幸福呢？您一定有关于创造幸福的不可思议的秘诀吧！"

"不！不！"老人回答，"根本没有什么不可思议的秘诀，这件事就好比每个人的脸上都有一张嘴巴一般，是件非常平常的事；我只是在每天早晨起床时做一个选择。你们认为我会选择哪一样呢？——我只是选择'幸福'而已。"

这件事乍听起来，也许单纯得令人难以置信，而这位老人的见解听来也似乎过于浅显。但是，却让我们想起林肯曾说过的那句话："人们如果下定决心要拥有幸福，他就会得到幸福。"换言之，如果你希望变为不幸，那么你就会陷入不幸的深渊中。世界上再也没有比这个道理更简单的了。

一支流行歌曲开头的一句话含义十分深长："我想获得幸福，但是我只有使你幸福了，我才会得到幸福。"

寻找自己幸福的最可靠的方法，就是竭尽全力使别人幸福。幸福是一种难以捉摸的、瞬息万变的东西。如果你去追求它，就会发现它在逃避你。但是如果你努力把幸福送给别人，那它就会来到你的身边。

作家克莱尔·琼斯是美国中南部俄克拉荷马城大学宗教系一位教授

的妻子，她谈到他们的结婚初期所经历的一种幸福：

在婚后的头两年中，我们住在一个小城里，我们的邻居是一对年老的夫妇，妻子几乎瞎了，并且瘫在轮椅上。丈夫本人身体也不很好，他整天待在房子里，照料着妻子。

在圣诞节的前几天，我和丈夫情不自禁地决定装饰一棵圣诞树送给这两位老人。我们买了一棵小树，将它装饰好，带上一些小礼物，在圣诞前夜把它送过去了。

老人们感激地注视着圣诞树上耀眼的小灯，伤心地哭了。她丈夫一再说："我们已经有许多年没有欣赏圣诞树了。"以后每当我们拜访他们，他们都要提到那棵圣诞树。这是我们为他们做的一件小事，但是我们从这件小事中得到了幸福。

由于他们的友好，他们得到了一种幸福，这种幸福是一种十分深厚而温暖的感情，这种幸福将一直留在他们的记忆中。

你可能是幸福的、满足的，也可能是不幸福的，因为你有权利选择其中的任何一种。决定的因素是你受积极的还是消极的心态的影响，这个因素也是你所能控制的。

积极的心态，对你的健康，进而对你的生活和工作都起着重要的作用。"我每天过得愈来愈好。"有些人每天在醒来时和就寝前都要把这句话朗诵好几次。对他们说来，这句话并不是华而不实的语言。

就某种意义来说，说这句话的人正在运用积极的心态。正在把生活中较好的东西吸引到他的身边。

积极的心态会给人的健康带来很多好处，消极的心态则可能引发疾病，对此相信许多人有过深刻的体会。心中有消极的思想是一件危险的事。

现实生活中到处都有人因为他们内在的挫折、仇恨、恐惧或罪恶感，而给自己的健康造成损害。显然，要保持健康身体的秘诀是，摆脱所有不健康的思想。我们必须洁净自己的心灵，为了有健康的身体，先得祛除心中的消极念头。

常有人提起，愤恨不满的情绪常常会引起疾病。一位美国政坛元老曾说过："有两件事对心脏不好：一是跑步上楼；二是诽谤别人。"这两件事不仅对心脏不好，而且对人的身体也有害。所以，学会宽恕很重要，你会发现体谅别人会起到奇妙的治疗效果。

情绪上的积怨和不满，多年以后会在生理上造成病痛。不过，也有人因为日常生活的不愉快引起头痛、背痛、关节痛。

许多家报纸曾报道过一则新闻：有一名男子在过马路时不幸被车子撞倒而丧命。验尸报告说，这个人有肺病、溃疡、肾脏病和心脏衰弱。可是，他竟然活到了 84 岁。为他验尸的医生说："这个人全身是病，一般情况下，他 30 年以前早该去世了。"有人问他的遗孀："他怎么能活这么久？"她说："我的丈夫一直确信，明天他一定会过得比今天更好。"

许多人认为，在运用积极的心态时，多使用积极的表述，也有利于身体健康。语言文字是有影响性的。如果你经常运用消极的话语来描述你的健康，便可能激发对你身体不好的消极力量。你习惯性使用的一些字眼会反映出你内在的某些消极性思想。而你的思想是积极还是消极，会影响你内在的各种器官。

精神治疗协会前任会长卡特博士在谈到一个人持肯定的态度对健康的影响时，甚至反对像"我今天不会生病"这样的说法。他认为那只是半积极的态度。应该改说："我今天觉得比昨天好。"这是非常积极的陈述，因而是一种更健康的想法。卡特博士说："肯定的态度是以科学的事实为基础的，这些事实来自生物学、化学、医学等。正确地运用肯定的态度将有助于改善你的健康，延长你的寿命，使你精力充沛，倍感幸福，从而在各方面取得成功，并且还能替你保持一件最主要的东西——心灵平静。"

这是一些采取肯定态度对待健康的成功例子，你不妨也试试。记住要每天坚持，训练自己的思想按积极思想考虑问题。

心态·成功的关键

事实上拥有积极的心态，仅是重要的第一步；第二步是将这种积极的心态付诸行动。当你在做的时候，你心里必须想着，这些都是存在的事实。行动有活力而积极，将会使你很惊讶地发现自己可以享有新的能量及活力。

其实我们的身体并不觉得疲惫、生病或老化。你应该改变你对自己的看法。先看清楚其实你是健康的，再遵守并实行各种健康的法则，你就能变得充满活力、精神十足。

心境开阔，快乐无边

也许是生活的压力太大，有些人说："活着，真累。"也许是遇到不顺的事太多，有些人说："活着，真烦。"也许是对柴米油盐的平凡生活的厌倦，有些人说："活着，真没劲。"这里，有一个如何认识生活的问题，也有一个如何调整自己心境的问题。

生活就是生活，它像泥土一样真实而粗糙，如果你对它抱有不切实际的幻想，你难免会失望。像自然界有风雨阴晴一样，生活也不会总是一帆风顺。如果你对此没有思想准备，你可能就会彷徨悲观。生活也不会总是充满着戏剧性的高潮，更多的时候它是平凡琐碎的，甚至显得沉闷。你怎么可能指望它天天都如狂欢节一般呢？

宋代大词人苏轼说："人有悲欢离合，月有阴晴圆缺，此事古难全。"但这并不是说生活就是一桩枯燥乏味的苦事。法国雕塑家罗丹说过："对于我们的眼睛，不是缺少美，而是缺少发现。"生活中有着许许多多的美好、许许多多的快乐，关键在于我们能不能发现。而要发现它，关键在自己。

有一个人，日子过得烦闷而无趣，他要去找找那些快乐的人，问问快乐的秘诀。他想，国王尊贵而富足，一定快乐。他见到了国王。国王却说："我一天要面对那么多要处理的事，我还时时要操心王位是否牢固，我晚上觉都睡不安稳，哪有快乐可言？"他又想，流浪汉一天无忧无虑的，一定快乐。但流浪汉却说："我连今天晚上到哪儿睡觉都没着落，我哪会快乐？"这个人搞不懂了，世界上真没有快乐的人了吗？我上哪里能找到快乐的秘诀？这时一个老者告诉他，国王也可以快乐，只要他不被权力和金钱迷住了心灵；流浪汉也可以快乐，只要他不被贫困压倒。快乐不快乐，就在你自己。

有一本书，是一个正遭受着癌症折磨的女青年写的。她说：

你改变不了环境，但你可以改变自己；

你改变不了事实，但你可以改变态度；

你改变不了过去，但你可以改变现在；

你不能控制他人，但你可以掌握自己；

你不能预知明天，但你可以把握今天；

你不能样样顺利，但你可以事事尽心；

你不能延伸生命的长度，但你可以决定生命的宽度；

你不能左右天气，但你可以改变心情；

你不能选择容貌，但你可以展现笑容。

正是这种对生活的认识，使她能坦然地应对死神的威胁，认真地快乐地生活。而生活快乐不快乐，全在自己对生活的态度和理解。这里还有一个小故事：

一个青年老是埋怨自己时运不济，发不了财，终日愁眉不展。

一天，一位老人问他："年轻人，干吗不高兴？"青年回答："我不明白我为什么老是这么穷？"

"穷？我看你很富有嘛！"

"这从何说起？"青年问。

老人没有直接回答，而是说："假如今天我折断了你的一根手指，给你1000元，你干不干？"

"不干。"

"假如斩断你的一只手，给你1万元，你干不干？"

"不干。"

"假如让你马上变成 80 岁的老翁，给你 100 万，你干不干？"

"不干。"

"假如让你马上死掉，给你 1000 万，你干不干？"

"不干！"

"这就对了，你身上的钱已经超过了 1000 万了，你还不高兴吗？"

老人说完笑吟吟地走了，留下那青年在思索。

平凡的生活处处充满着快乐。这恰好印证了牛顿的一句话："愉快的生活是由愉快的思想造成的。"

我们还要唉声叹气吗？我们为什么不做个快乐的人呢？生活中有不顺，有烦恼，有压力，但只要你保持愉快的思想，你就会发现更多的快乐。英国 19 世纪的数学家、物理学家哈密顿说："欢乐就是健康，反之，忧郁就是病魔。"你选择哪一种呢？

《运动休闲》曾登过一篇文章《健康快乐的秘诀》，你不妨试试这些简单易行的"秘诀"，你会发现它们的确会帮助你摆脱烦恼而愉快起来——

1. 做一做那些你想做却没有时间做的事情。

2. 给一个疏于联络的老朋友打电话。

3. 忘记过去某个时间让你生气的某个人或某件事。用记忆中快乐的片段来代替不愉快。

4. 与一个闷闷不乐的人共读一则笑话——笑话是灵丹妙药。

5. 不要轻易许诺。

6. 鼓励别人，给予他人帮助。

7. 尽量与你的家人和朋友在一起。

8. 多赞美别人，因为这可能是他最需要的礼物。

9. 当你发现做错了事情时立即道歉，道歉不是弱小的表现，而是勇气的象征。不要自夸，如果你做了好事，最终会有人发现。

10. 试着去理解一些与你的想法相迥异的观点。

11. 放松，当你想发脾气的时候，问问自己这件事情会不会影响自己一个星期？当有人开玩笑时你要笑得最响亮。

12. 交一个朋友，就如在人的面前展现了一个新的世界。

13. 不要对一个孤注一掷做事的人说泄气话。乐观一点，有助于达到目标。

14. 对好事表示欣赏，这样既阐明了你的观点，又培养了良好的心境。

15. 读一本好书，扔掉那些坏书。

16. 需要勇敢的时候，问问自己："人生能有几回搏？"

17. 好好照顾自己。对食物有所选择会让你感觉更好，外表也会更美观。

18. 不要听任烟雾污染你的空间，及时制止在你周围吸烟的人。

19. 还掉你借的书，整理衣柜中的衣物。

20. 把抽屉里的照片取出来，装入影集。

21. 看到人行道上有果皮，拾起来扔进垃圾箱里，别置之不理。

22. 不要说你自己都怀疑是对是错的话，不要做你自己也不知道是错是对的事情。

23. 满怀喜悦地看待世界的景观。

24. 昂首挺胸地走路，多多微笑，你看起来至少要年轻 10 岁。

25. 不要害怕说："我爱你。"这是世界上最美丽的语言，生命中有了爱做伴，你就会有所收获。

在绝望中寻找希望

生命进程中，当痛苦、绝望、不幸和危难向你逼近的时候，你是否还能顾及享受一下野草莓的滋味？"苦海无边"是小农经济的哲学，"尘世永远是苦海，天堂才有永恒的快乐"是禁欲主义编造的用以蛊惑人心的谎言，苦中求乐才是快乐的真谛。

文学家们有一个共识：当人类自野蛮踏过了文明的门槛时，就有了"相思"，有了回归大自然永恒的"乡愁"冲动。在这份永恒的冲动中，找寻快乐是一个万古常青的话题。

快乐是什么？快乐是血、泪、汗浸泡的人生土壤里怒放的生命之花，正如惠特曼所说："只有受过寒冻的人才感觉得到阳光的温暖，也唯有在人生战场上受过挫败、痛苦的人才知道生命的珍贵，才可以感受到生活之中的真正快乐。"

托尔斯泰在他的散文名篇《我的忏悔》中讲了这样一个故事：

一个男人被一只老虎追赶而掉下悬崖，庆幸的是在跌落过程中他抓住了一棵生长在悬崖边的小灌木。此时，他发现，头顶上，那只老虎正虎视眈眈，低头一看，悬崖底下还有一只老虎，更糟的是，两只老鼠正忙着啃咬悬着他生命的小灌木的根须。绝望中，他突然发现附近生长着一簇野草莓，伸手可及。于是，这人拽下草莓，塞进嘴里，自语道："多甜啊！"

生命进程中，当痛苦、绝望、不幸和危难向你逼近的时候，你是否还能顾及享受一下野草莓的滋味？"苦海无边"是小农经济的哲学，"尘世永远是苦海，天堂才有永恒的快乐"是禁欲主义编撰的用以蛊惑人心的谎言，苦中求乐才是快乐的真谛。

二战期间，一位名叫伊丽莎白·康黎的女士在庆祝盟军在北非获胜的那一天收到了国际部的一份电报，她的侄儿，她最爱的一个人死在战场上了。她无法接受这个事实，她决定放弃工作，远离家乡，把自己永远藏在孤独和眼泪之中。

正当她清理东西，准备辞职的时候，忽然发现了一封早年的信，那是她侄儿在她母亲去世时写给她的。信上这样写道：我知道你会撑过去。我永远不会忘记你曾教导我的：不论在哪里，都要勇敢地面对生活。我永远记着你的微笑，像男子汉那样，能够承受一切的微笑。她把这封信读了一遍又一遍，似乎他就在她身边，一双炽热的眼睛望着她：你为什么不照你教导我的去做。

康黎打消了辞职的念头，一再对自己说：我应该把悲痛藏在微笑下面，继续生活，因为事情已经是这样了，我没有能力改变它，但我有能力继续生活下去。

人生是一张单程车票，一去无返。在荷兰首都阿姆斯特丹一座 15 世纪的教堂废墟上留着一行字：事情是这样的，就不会那样。藏在痛苦泥潭里不能自拔，只会与快乐无缘。告别痛苦的手得由你自己来挥动，享受今天盛开的玫瑰的捷径只有一条：坚决与过去分手。

"祸福相依"最能说明痛苦与快乐的辩证关系，贝多芬"用泪水播种欢乐"的人生体验生动形象地道出了痛苦的正面作用，传奇人物艾柯卡的经历更传神地阐明了快乐与痛苦的内在联系。

艾柯卡靠自己的奋斗终于当上了福特公司的总经理。1978 年 7 月 13 日，有点得意忘形的艾柯卡被妒火中烧的大老板亨利·福特开除了。在福特工作已 32 年，当了 8 年总经理，一帆风顺的艾柯卡突然间失业了。艾柯卡痛不欲生，他开始喝酒，对自己失去了信心，认为自己要彻底崩溃了。

就在这时，艾柯卡接受了一个新挑战——应聘到濒临破产的克莱斯勒汽车公司出任总经理。凭着他的智慧、胆识和魅力，艾柯卡大刀阔斧地对克莱斯勒进行了整顿、改革，并向政府求援，舌战国会议员，取得了巨额贷款，重振企业雄风。在艾柯卡的领导下，克莱斯勒公司在最黑暗的日子里推出了 K 型车的计划，此计划的成功令克莱斯勒起死回生，成为仅次于通用汽车公司、福特汽车公司的第三大汽车公司。1983 年 7 月 13 日，艾柯卡把生平仅有的面额高达 8.13 亿美元的支票交到银行代表手里，至此，克莱斯勒还清了所有债务，而恰恰是 5 年前的这一天，亨利·福特开除了他。事后，艾柯卡深有感触地说：奋力向前，哪怕时运不济；永不绝望，哪怕天崩地裂。

"痛苦像一把犁，它一面犁破了你的心，一面掘开了生命的新起源。"

（罗曼·罗兰语）古人讲"不知生，焉知死？"不知苦痛，怎能体会到快乐？痛苦就像一枚青青的橄榄，品尝后才知其甘甜，这品尝需要勇气！

为自己喝彩

人生来就需要得到鼓励和赞扬。许多人做出了成绩，往往期待着别人来赞许。其实光靠别人的赞许还是不够的，要保护自己的自信心和成功信念，不妨花些时间，恰当地给自己一些奖励。

学会为自己喝彩，是走向成功的关键一步。

许多每天从事推销的业务员都有这样的经验：如果早上起来，心情不佳，自忖无法应付即将面对的难缠的客户时，便会将成交率高的客户作为首先拜访的对象，待成交几笔交易，自信心培养充分以后，再去拜访其他较难缠的客户。这种方式不但可使心情由阴郁变开朗，还可以确保一天的业绩。

实际上，他们所需要的，正是一种能充实自信心的成就感。成功者善于爱护和不断地培育自己的自信心，他们懂得如何"给自己喝彩"。

一个不信任自己的人，一个悲观处世的人，一个只是把自己的成果当作侥幸的人，不可能成为成功者。成功者同他们的态度是截然不同的。

成功者在找到了自己的目标后，总是以强烈的进取精神千方百计地去创造条件，去实现目标，从而大大增加了自己成功的机会。即使遇到挫折，他们也会积极进行分析，调整自己的心态，去进行新一轮的努力。而当事情有了进展，他们往往能充分肯定自己的已有成就，并以此来增强自己前进的勇气。

人生来就需要得到鼓励和赞扬。许多人做出了成绩，往往期待着别人来赞许。其实光靠别人的赞许还是不够的，何况别人的赞许会受到各种外在条件的制约，难以符合你的实际情况或满足你真正的期盼。要保护自己的自信心和成功信念，不妨花些时间，恰当地给自己一些奖励。

有一位美国作家，他是靠着为报社写稿维持生活的。他给自己订了一个目标，每周必须完成两万字。达到了这一目标，就去附近的中国餐馆饱餐一顿作为奖赏；超过了这一目标，还可以安排自己去海滨度周末。于是，在唐人街和海滨的沙滩上，常常可以见到他自得其乐的身影。

英国畅销书作家劳伦斯·彼德曾经这样评价一些著名歌手：

为什么许多名噪一时的歌手最后以悲剧结束一生？究其原因，就是因为，在舞台上他们永远需要观众的掌声来肯定自己。但是由于他们从来不曾听到过来自自己的掌声，所以一旦下台，进入自己的卧室时，便会备觉凄凉，觉得听众把自己抛弃了。

他的这一剖析，确实非常深刻，也值得深省。

给自己颁奖，决不同于自我陶醉，而是为了更强化自己的信念和自信心，更正确地评估自己的能力和人格。

当你取得了成就，做出了成绩，或朝着自己的目标不断有所进展的时候，千万别忘了给自己喝彩。当你对自己说"你干得好极了"或"那真是一个好主意"时，你的内心一定会被这种内在的诠释所激励。而这种成功途中的欢乐，确实是很值得你去细细品味的。成功的信念需要有成就感来充实，请记住：别忘了给自己喝彩！

性格：成功的内因

木受绳则直，金就砺则利。

——《荀子·劝学》

俗谓："性格决定命运。"大凡成功人士都有良好的性格。人的性格形成，有先天的遗传因素，更主要是后天的培塑。而且性格的可塑性将伴随人的终生。玉不琢，不成器。一个人的性格，不经过认真的自我修养，不可能自然而然地达到优良高尚的境界，更不可能获得成功。所以说，走向成功的过程，实质上是磨砺自己的性格的过程。

性格：偷不走的生命宝藏

曾国藩是成功开发良好性格宝藏的典型代表，他的一生成就也得益于其方圆得体的性格。良好的性格，使他处江湖之远备解民心，居庙堂之高深得君意。

1. 良好性格就是生命的宝藏

公元前5世纪初，雅典西南的洛里安姆银矿场开采出一条价值连城的优质银矿脉，而且，在极短时间之内，这个新矿层便出产了好几吨纯银。

正因为有了这个在洛里安姆矿场意外发现的"世界宝藏金银之泉"，雅典才一跃而成为地中海东部的海上霸主和希腊世界的领袖。不久，雅典还成为古典时期知识荟萃、艺术生辉的中心。

一个宝藏的开掘，改变了雅典的历史，铸成了西方文明的辉煌。

人生活在自然界，人本身也是一个世界；自然界有宝藏产生的奇迹，人本身也有内在宝藏——良好的性格。

曾国藩是成功开发良好性格宝藏的典型代表，他的一生成就也得益于其方圆得体的性格。良好的性格，使他处江湖之远备解民心，居庙堂之高深得君意。

曾国藩是中国历史上最后一位学者兼"贤相"，一生福禄寿禧全都占全。在曾国藩身上，封建士子追求的虚名与实利都得到了集中的体现。

曾国藩是从镇压太平天国起家的。清王朝的统治高层在对曾国藩大加启用的同时，也对曾国藩怀有防范之心。事实上，满清王朝的半壁江山已经掌握在他的手中。曾国藩心里很明白，如何处理好同清政府的关系，是自己今后命运的关键。于是，他性格里的百炼钢转化成绕指柔，从此曾国藩的性格开始了柔韧的旅程。

就这样，倔强刚猛的曾国藩，一变而为温厚宽容的圣相，位列三公，权倾当朝，得到了一个汉族官吏前所未有的名利和权势。

曾国藩曾写过一联："养活一团春意思，撑起两根穷骨头。"正是这种刚柔相济的良好性格，使他游刃于朝野上下，天地之间。

释迦牟尼说："妥善调整过的自己，比世上任何君王都更加尊贵。"锤炼出良好的性格，你也就有了明朗的心境，你也就掌握好了自己的心灵之舵。

性格的宝藏，就是在不断地挖掘中，涤荡出本色的光芒。

2. 性格中自有大光明

从前，有一个穷人，他很信奉天神。天神看到他那样诚心，想帮他完成自己的心愿，于是问他："你如此虔诚，是为了求得什么呢？"

这个人答道："心想事成。"

于是，天神从怀中取出一个宝瓶，交给他说："这是一个宝瓶，叫作性瓶，把它保存好，你要什么，它就会给你变出什么。"

说完之后，天神就走了。

果然，性瓶有求必应，给他变出了豪华的住宅，成群的车马，还有许多许多的财宝。

他不禁有点儿得意忘形，手拿性瓶，跳起舞来。

谁知，他没跳几步，就脚下一绊摔倒了，只听啪的一声，性瓶掉到地上，碎了。

而那些由性瓶变出的住宅、车马等大量财物，也在瞬间消失得无影无踪。

穷人跌坐在地上，他又一无所有了。

每个人的良好性格都是有着神奇力量的宝瓶，但这个宝瓶是我们本身具有的，而不是神仙赐予的。

除了自己，没有谁能够伤害你，你所受到的伤害都是自己造成的。这是你自己的过错，你从来就不是一个真正的受害者。

性格是一个多侧面的棱镜，在这多个侧面中，不一定所有的面都闪现灿烂光辉的性格，很可能有一个或几个是属于消极面。因此，再杰出的人物也会有其性格方面的弱点，再反动的人物也会有其性格方面积极的因素。这对于克服性格缺陷具有极为重要的现实意义。

宝剑锋从磨砺出

自我修养在个人性格的发展过程中起着很大的作用，它是教育的补充力量，也是良好性格的发展方向。玉不琢，不成器。一个人的性格，不经过认真的自我修养，不可能自然而然地达到优良高尚的境界。

1. 修补成就完美

每年 12 月 1 日，纽约洛克菲勒中心前面的广场，都会举办一个为圣诞树点灯的仪式。

硕大的圣诞树无比完美。据说它们都是从宾夕法尼亚州的千万棵巨大的杉树中挑选出来的。

一位画家，深深地被圣诞树的完美吸引了，他带领着自己所有的学生去写生。

"老师，你以为那巨大的圣诞树真的那样完美吗？"一个中年女学生神秘地笑道。

画家很奇怪："千挑万选，还能不完美吗？"

"多好的树都有缺陷，都会缺枝子、少叶子，我丈夫在那里当木工，是他用其他枝子补上去，这些圣诞树才能这样完美啊！"

画家恍然大悟：一切完美都源自修补。世上的每个人无论他多伟大、多有名，都不过是那样一棵需要不断修补的树……任何性格，都是在不断的修补中日臻完美；任何人，都是在不断打磨中，锤炼成才的。

使用同一种材料，一个人可能会建成宫殿，一个人可能会筑成茅舍，一个人可能会建成仓库，一个人可能会建成别墅。同样是红砖和水泥，建筑师可以把它们建造成不同的东西。人的良好性格也在于自我创造。不经过一番努力，良好的性格也不会自发地形成。它需要经过不断的自我审视、自我约束、自我节制的训练。正是这种不断的努力，才会使人感到振奋，令人心旷神怡。

著名科学家富兰克林，早在年轻的时候就下决心克服一切坏的性格倾向、习惯或伙伴的引诱。为此，他给自己制定了一项包括十三个项目在内的性格修养计划：节制、静默、守秩序、果断、俭约、勤勉、真诚、公平、稳健、整洁、宁静、坚贞和谦逊。同时，为了监督自己逐条执行这些项目，他把这十三项内容记录在小本子上，划出七行空格，每晚都做一番自省功夫：如果白天犯了某一种过失，就在相应的空格里记上一个黑点。

就这样，富兰克林持之以恒，通过长年累月的自我反省，终于让这些代表性格缺陷的黑点符号逐渐消失了。富兰克林晚年撰写自传时，还特别谈起青年时代培养良好性格的努力，认为自己的成绩应当归功于自我节制。

性格的自我修养，是指个人为了培养优良性格而进行的自觉的性格转化和行为控制的活动。自我修养是培养优良性格的必要途径，又是个人掌握自己、控制自己的必备能力。

自我修养在个人性格的发展过程中起着很大的作用，它是教育的补充力量，也是良好性格的发展方向。玉不琢，不成器。一个人的性格，不经过认真的自我修养，不可能自然而然地达到优良高尚的境界。伟人也罢，庸人也罢，任何人的优良性格都是在后天实践活动过程中，不断进行自我修养的结果。

2. 打磨自己

性格即命运，命运需要主动，性格需要打磨。

自然状态的铁矿石几乎毫无用处，但是，如果把它放入熔炉铸造；然后进一步提纯，再进行锤炼和高温锻冶；放入一个流筒模型之中；最后，它就可以制成优良的器具。正是这种烈火焚烧、反复锤炼的过程，赋予了自然状态的铁矿石以实用的价值。

良好性格，就像红宝石一样。红宝石的光芒，来自于精致的打磨；良好性格来自于后天的自身修养。

人的一生是自我塑造的一生，自我完善的一生。性格塑造的重要目的，就是要克服不良性格，实现性格优化的转变。

性格修养是一种完善自己的自觉行动。有无性格修养的自觉性，将决定着能否在性格修养上取得成效。性格修养的自觉性，首先来源于主体对性格缺点危害性的认识程度；其次，还取决于个体对自己严格要求的程度。成功的人，大多是从性格改造与完善中训练出来的。一个胸有大志的人，对自己才会有严格的要求，他为自己规定的志向越崇高，为了实现这个志向而积极改造自我性格的决心也越大。

富兰克林所以能用十三项内容锤炼自己，缘于一位以严格要求和博学多才而闻名的编辑——弗恩。富兰克林每次向他交稿时，弗恩总是一句话："如果你对某一个字的写法没把握，就查字典。"同时，他规定富兰克林每天写一篇文章交给他。如果哪天没有，弗恩就敲着桌子说："文章呢？"这样，在日积月累的岁月中，富兰克林的文章大有进步。

后来，弗恩去世了，富兰克林整理弗恩的遗稿时，看到了这样一段话："我不是你心目中的那个人。我并不懂写作。你让我教你，我尽量去做，其实多数时候是你自己打磨自己。"富兰克林终于明白：自己的写作才能，其实就是自己在一天一篇文章的积累中打磨出来的！

以后，富兰克林一直以敬畏的心情，按照弗恩的严格要求，不断磨砺自己，终于养成了良好的性格，也在写作上取得了很大成就。

人生最重要的就是自己打磨自己！只有不停地自己磨砺自己，不停地给自己淬火，不停地在勤奋的熊熊炉火中锻打锤炼，自己的性格才会锋锐明亮起来，并最终放射出夺目的光芒。

好性格焕发人生光彩

良好的性格，会使一个人把自己的聪明才智用于正道，让自己和他人同受鼓舞和启迪；而不良的性格则可能把一个人的聪明才智引上歧途，让自己和他人同陷痛苦和沉沦。

1. 拂去性格的尘土

性格是在出生后的社会文化环境中逐渐形成的。因此一个人的性格也就受到他的世界观、人生观和价值观的影响，性格是人格中最核心的组成部分。良好的性格，会使一个人把自己的聪明才智用于正道，让自己和他人同受鼓舞和启迪；而不良的性格则可能把一个人的聪明才智引上歧途，让自己和他人同陷痛苦和沉沦。

任何人都是善恶组合的矛盾体，意大利作家伊塔诺·卡尔诺所著的《一个分成两半的子爵》就是这种性格组合观念的形象说明。

梅达尔多子爵在一次战斗中被分成两半，右半被军医救活，总干坏事，集中了梅达尔多身上的全部邪恶；左半被两个隐士救治，不断地做好事，集中了子爵身上的所有良好的性格。

两个子爵后来在激化的矛盾中展开决斗，劈裂了原来的伤口，扭成一团，粘在一起，后来又变成了一个身体健康、性格完整的人。

每个人身上都有善良和邪恶，并不是两半的相加，而是内在性灵的互相渗透，互相转化。良好的性格，来自于培养，来自于透析。

有一次，佛陀行经一个森林，天气非常热，又当正午，他觉得口渴，就告诉侍者阿难："我们刚才跨过一条小溪，溪水很清，你回去帮我取一些水来。"

于是，阿难回去找那条小溪，但小溪实在太小了，而且又有一些车子经过，溪水被弄得很污浊，不能喝了。阿难回去告诉佛陀："那个小溪的水已变得很脏了，请您允许我换个地方找水，我知道有一条河，离这只有几里路。"

佛陀说："不，你还是回到同一条小溪里。"阿难表面遵从，但内心并不服气，他认为这只是浪费时间白跑一趟。他走了一半路，还是不由自主得跑了回来，对佛陀说："您为什么要坚持让我回去？"佛陀不加解释，仍然说："你再去。"阿难只好遵从。

阿难再走近那条溪流，却看到那些溪水就像它原来那么清澈、纯净——泥沙已经流走了。

阿难笑了，提着水跳着舞回来，跪拜在佛陀脚下："您给我上了伟大的一课，只要能保持本性的纯净，污浊就不会永恒。"

性格本来有清澈无染的一面，在后天成长中，是诸多的外因蒙蔽了我们的本心。在岁月的流逝中，良好的性格也堆积了厚厚的尘土，只不过我们不知道罢了。生命中的河流虽曾污染，但涤尽流沙就是清澈的本性；良好性格的明镜虽然蒙尘，但拭去灰尘终将闪光。

2.榨出性格的芳香

有人问一位智者："请问，怎样才能成为一个受欢迎的人呢？"

智者递给他一颗带皮的花生："闻得见香吗？"那人摇头。

智者说："用力捏捏它。"

那人用力一捏，花生壳碎了，只留下花生仁。

智者问："香吗？"

"有一点。"

"再搓搓它。"智者说。

那人又照着做了，红色的皮被搓掉了，只留下白白的果实。

"香吗？"

"比刚才还要香一些。"

"把它放进榨油机里。"智者说。

于是，榨油机的端口流出了芳香四溢的花生油。

那人连连赞叹："好香啊！"忽然，他笑了："现在我明白了，要受人欢迎，就要让自己散发出香气来。"

智者微笑，不语。

良好性格本具魅力，只不过是没有发挥出来而已。培养良好的性格，关键在于压榨。就如花生有着层层包裹一样，人的性格世界带有很大的模糊特征。性格元素的本质往往被假象包裹着，从而显示出表里矛盾、似是而非的情状，使人们难以捉摸。通过有意识的自我塑造和培养，一定可以使性格中的优秀潜质重新焕发光彩，使你成为一个受人欢迎的人。

性格力量铸就成功

名人似乎总有与众不同之处，盖茨之所以会成为当今软件世界显赫有名的人物，其独特的性格特征也许早已注定了他的非同寻常。

对学生时代的盖茨来说，在课堂上睡觉是常有的事。他的生活极其紧张，三天不睡觉对他来说如同家常便饭。据他的一位朋友说，他通常36个小时不睡觉，然后倒头便睡上十来个小时。

盖茨睡觉的习惯很独特，累了的时候，他就躺在他那张乱糟糟的床上，拉过一条毯子盖在头上，不管何时也不管环境如何喧闹，他总能马上进入甜甜的梦乡。盖茨至今仍保持着这个习惯，当他坐飞机时，他常用一条毯子盖在头上，然后在整个航程中酣睡不止。

在同学眼中，盖茨极有个性。他在谈话、阅读或沉思时，总习惯把头置于双手之间，身体前后猛烈地摇摆。有时为了表达自己的观点，他甚至还会疯狂地挥舞手臂。

盖茨喜欢辩论，辩论的时候言语粗鲁，充满讥讽甚至带有侮辱性，在他表达观点时，如果有人激怒他的话，他会暴跳如雷。对微软公司的大多数编程人员来说，和盖茨一起参加技术会议就如同是进行语言测试一样。盖茨有一种发现他人纰漏的惊人能力，在辩论的时候表现尤为突出。如果给他看《蒙娜丽莎》，他会看到败笔。一旦发现一个人的漏洞，他就会用他最喜欢的字眼，诸如"傻瓜""疯子"之类将人贬得体无完肤。据一位微软公司的产品经理说："当你和他一起参加会议时，他总是晃来晃去，还不停地颠膝盖。他是一位头脑清晰的思考家，但却容易感情用事……他向别人发起攻击，目的就是要战胜他。勉强他人接受自己的观点是错误的，对此他却浑然不知，他很富有也很幼稚，在控制情绪方面，他从未成熟过。"

长大的盖茨有着一张长不大的娃娃脸。许多竞争对手就是被这个外形清瘦、头发蓬乱、带着头皮屑的大男孩的那张面孔所迷惑。尽管盖茨看上去像个仓库保管员，但他却成了一个令人敬畏的商业巨子。他喜欢舒适地坐在电脑前，一边吃比萨饼，一边喝可乐，一边彻夜不眠地编写电脑程序。

不过，现在已没有人再把盖茨当成小孩子，而且时常还有人会提醒盖茨说他是世界上最富有的人。之所以如此，是因为盖茨看上去更像是一位普通人，他的朋友雷伯恩回忆起不久前与他偶遇时的情景时说："他哪像世界上最富有的人呀，没有随从，好像是闲逛一样，还对我说：'喂，你好，我们一起去吃热狗吧。'"

这就是那个叫盖茨的人。

盖茨是个典型的工作狂，这种品质从他的湖滨中学时期就已表现得淋漓尽致，无论是在电脑房钻研电脑，还是玩扑克，他都是废寝忘食，不知疲倦。

1974年，当盖茨认为创办公司的时机尚未成熟而继续在哈佛大学上二年级时，他开始玩扑克，扑克和计算机消耗了他的大部分时间。像其他他所专注的事情一样，盖茨玩扑克很认真，他第一次玩得糟透了，但他并不气馁，最后终于成了扑克高手。只要晚上不玩扑克，盖茨就会出现在哈佛大学的艾肯计算机中心，因为那时使用计算机的人不多。有时疲惫不堪的他会趴在电脑前酣然入睡。盖茨的同学常在清晨时发现盖茨在机房里熟睡。

盖茨也许不是哈佛大学数学成绩最好的学生，但他在计算机方面的才能却无人可以匹敌。他的导师不仅为他的聪明才智感到惊奇，更为他那旺盛而充沛的精力而赞叹。导师说："有些学生在一开始时便展现出在计算机行业中的远大前程，毫无疑问，盖茨会取得成功的。"在创业初期，除了谈生意、出差，盖茨就是在公司里通宵达旦地工作，常常至深夜。有时，秘书会发现他竟然在办公室的地板上鼾声大作。不过为了能休息一下，盖茨和他的合伙人艾伦经常光顾阿尔布开克的晚间电影院。"我们看完电影后又回去工作。"艾伦说。

1979 年，微软公司迁到了贝尔维尤。1983 年，微软公司宣布了要开发 Windows 的消息。一位曾到过盖茨住所的人惊讶地发现，他的房间中不仅没有电视机，甚至连必要的生活家具都没有。

盖茨常在夜晚或凌晨向其下属发送电子邮件，编程人员常可在上班时发现盖茨凌晨发出的电子邮件，内容是关于他们所编写的计算机程序。盖茨经常在夜晚检查编程人员所编写的程序，再提出自己的评价。盖茨位于华盛顿湖畔的办公室距其住所只有 10 分钟的驾车路程。一般的情况是，他于凌晨开始工作，至午夜后再返回家。他每天至少要花费数小时时间来答复雇员的电子邮件。

商场如战场，对盖茨来说，他必须胜利。盖茨是个天生的工作狂。

不积跬步，无以至千里

由于人生目标不是一下子就能实现的。聪明的人会选择把自己的目标分割为若干个小目标，然后一个一个去实现它们，当所有的小目标实现了以后，你自然而然地就是一个成功的人。

有一句谚语说得好：路要一步步去走，饭要一口口去吃。倘若你是一个有抱负有理想的人，就应该学会选择用怎样的方法去实现自己的人生目标，而前面的那句谚语即为最好的提示。

1984 年，在东京国际马拉松邀请赛中，名不见经传的日本选手山田本一出人意料地夺得了世界冠军。当记者问他凭什么取得如此惊人的成绩时，他说了这样一句话：凭智慧战胜对手。

那时许多人都认为这个偶然跑到前面的矮个子选手是在故弄玄虚。

马拉松赛是体力和耐力的运动，只要身体素质好又有耐性就有望夺冠，爆发力与速度都在其次，说用智慧取胜确实有点勉强。

两年之后，意大利国际马拉松邀请赛在意大利北部城市米兰举行，山田本一代表日本参加比赛。这一次，他又获得了世界冠军。

山田本一性情木讷，不善言谈，回答的仍旧是上次那句话：用智慧战胜对手。这回记者在报纸上没再挖苦他，但对他所谓的智慧迷惑不解。

10年后，这个谜终于被解开了，他在自传中是这样叙述的：

"在每次比赛之前，我都要乘车把比赛的线路仔细地看一遍，且把沿途比较醒目的标志画下来，比如第一个标志是银行；第二个标志是一棵大树；第三个标志是一座红房子……这样一直画到赛程的终点。比赛开始后，我就以百米的速度奋力地向第一个目标冲去，等到达第一个目标之后，我又以同样的速度向第二个目标冲去。40多公里的赛程，就被我分解成这么几个小目标轻松地跑完了。起初，我并不懂这样的道理，我把我的目标定在40多公里外终点线上的那面旗帜之上，结果我跑到十几公里时就疲惫不堪了，我被前面那段遥远的路程给吓倒了。"

同样的故事也发生在了雷斯的身上，而他与山田不同的是：他是在别人的引导下才感悟到其中的道理的。

25岁的时候，雷斯因失业而挨饿，他白天就在马路上乱走，目的只有一个：躲避房东讨债。

一天他在42号街碰到著名歌唱家夏里宾先生。雷斯在失业前，曾经采访过他，不过令他没想到的是，夏里宾竟然一眼就认出了他。

"很忙吗？"他问雷斯道。

雷斯含糊地回答了他，他想他看出了他的际遇。

"我住的旅馆在第1帕号街，跟我一同走过去好不好？"

"走过去？可是，夏里宾先生，那个路口，却不近呢。"

"胡说，"夏里宾笑着说，"仅有 5 个街口。"

雷斯不解。

"是的，我说的是第 6 号街的一家射击游艺场。"夏里宾说。

这话有点所答非所问，但雷斯还是顺从地跟他走了。

"现在，"到达射击场的时候，夏里宾先生说，"只有 11 个街口了。"

不多一会，他们到了卡纳奇剧院。"现在，只有 5 个街口就到动物园了。"

又走了 12 个街口，他们在夏里宾先生的旅馆停了下来。奇怪的是，雷斯并没有觉得怎么疲惫。

夏里宾给他解释为什么不疲惫的理由："今天的走路，你可以时时记在心里。这是生活艺术的一个教训。你与你的目标无论有多遥远的距离，都别去担心，把你的精神集中在 5 个街口的距离，别让那遥远的未来令你烦闷。"

很多人做事之所以会半途而废，并非因为困难大，而是成功距离较远，正是这种心理上的因素导致了失败。把长距离分解成若干个距离段，逐一跨越它，就会轻松许多，而目标具体化可以让你清楚当前该做什么，如何能做得更好。

报纸上曾经报道一位拥有 100 万美元的富翁，原来却是一位乞丐。

在我们心中难免怀疑：依靠人们施舍一分，一角的人，为什么却拥有如此巨额的存款？事实上，这些存款当然并非凭空得来，而是由一点点小额存款累聚而成。一分至十元、至千元、至万元、至百万，就这么积聚而成。若想靠乞讨很快存满 100 万美元，那是几乎不可能的。

聪明的人，为了要达成主目标常会设定"次目标"，这样会比较容易地完成主目标。许多人会因目标过于远大，或理想太崇高而易于放弃，这是十分可惜的。若设定"次目标"就可较快获得令人满意的成绩。能逐步完成"次目标"，心理上的压力也会随之减小，主目标总有一天也能完成。

曾经有一位 63 岁的老人从纽约市步行到了佛罗里达州的迈阿密市。

在那儿，有位记者采访了她。记者想知道，这路途中的艰难是不是曾经吓倒过她？她是如何鼓起勇气，徒步旅行的？

老人回答说："走一步路是不需要勇气的，我所做的就是这样，我先走了一步，接着再走一步，然后再一步，我就到了这里。"

没错，做任何事，只要你迈出了第一步，然后再一步步地走下去，你就会逐渐靠近你的目的地。倘若你知道你的具体目的地，而且向它迈出了第一步，你便走上了成功之路！

我们大多数人都听说过，写下自己目标的人较没有写下自己目标的人会更成功。

在目标设定方面，皮鲁克斯主张采取小步骤进行活动，却不是迈开大步向前。他强调，每个人都应该有伟大的长远梦想和希望，但是，对于目标设定，他建议人们做一个不太成功的人，而不是过度成功的人，也就是说，采取初级步骤。

挑战自我，挑战人生

人有了信心，就会产生意志力量。人与人之间，弱者与强者之间，成功与失败之间最大的差异就在于意志力量的差异。人一旦有了意志的力量，就能战胜自身的各种弱点。

美国《运动画刊》上登载了一幅漫画，画面是一名拳击手累瘫在练习场上，标题为"突然间，你发觉最难击败的对手竟是自己"，这个标题实在耐人寻味。

在日本有一个学业成绩优秀的青年，去报考一家大公司，考试结果名落孙山。这位青年得知这一消息后，深感绝望，顿生轻生之念，幸亏抢救及时，自杀未遂。不久传来消息，他的考试成绩名列榜首，是统计考分时，电脑出了差错，他被公司录用了，但很快又传来消息，说他又被公司解聘了，理由是一个人连如此小小的打击都承受不起，又怎么能在今后的岗位上建功立业呢？这个青年虽然在考分上击败了其他对手，可他没有打败自己心理上的敌人，他的心理敌人就是惧怕失败，对自己缺乏信心，遇事自己给自己制造心理上的紧张和压力。

在追求成功的道路上，我们发现一部分人失败了，而另一部分人却成功了，这究竟是什么原因呢？这其中的主要原因是：前者被自己打败了，而后者却能打败自己。美国有位叫凯丝·戴莱的女士，她有一副好嗓子，一心想当歌星，遗憾的是嘴巴太大，还有龅牙。她初次上台演唱时，努力用上嘴唇掩盖龅牙，自以为那是很有魅力的表情，殊不知却给别人留下滑稽可笑的印象。有一位男听众很直率地告诉她："龅齿不必掩藏，你应该尽情地张开嘴巴，观众看到你真实大方的表情，相信一定会有许多人喜欢你。也许你所介意的龅牙，会为你带来好运呢！"

一个歌唱演员在大庭广众之下暴露自己的缺陷，首先是要用理智说服自己，还要有勇气打败自己。凯丝·戴莱接受了这位男听众的忠告，不再为龅齿而烦恼，她尽情地张开嘴巴，发挥自己的特长，终于成为美国影视界的大明星。

一个人要挑战自己，靠的不是投机取巧，不是要小聪明，靠的是信心。世界著名的游泳健将弗洛伦丝·查德威克，一次从卡得林那岛游向加利福尼亚海湾，在海水中游了16小时以后，她的面前大雾茫茫，潜意识发出了"何时才能游到彼岸"的信号，她顿时浑身困乏，失去了信心。于是她被拉上小艇休息，失去了一次创造纪录的机会。事后，弗洛伦丝·查德威克才知道，她离成功的彼岸仅有1海里，阻碍她成功的不是大雾，而是她内心的疑惑。过了两个多月，弗洛伦丝·查德威克又一次重游加利福尼亚海湾。游到最后，她不停地对自己说："离彼岸越来越近了！"潜意识发出了"我这次一定能打破纪录！"的信号，她浑身充满力量，最后弗洛伦丝·查德威克终于实现了目标。

人有了信心，就会产生意志力量。人与人之间，弱者与强者之间，成功与失败之间最大的差异就在于意志力量的差异。人一旦有了意志的力量，就能战胜自身的各种弱点。

当你需要勇气的时候，就能战胜自己的懦弱；

当你需要勤奋的时候，就能战胜自己的懒惰；

当你需要廉洁的时候，就能战胜自己的私欲；

当你需要谦虚的时候，就能战胜自己的骄傲；

当你需要宁静的时候，就能战胜自己的浮躁。

一个人有了信心，有了意志的力量，就具备了勇于挑战自己的素质，就能做成在这个世界上能做的任何事情。

人生最大的挑战就是挑战自己，这是因为其他敌人都容易战胜，唯独自己是最难战胜的。有位作家说得好："自己把自己说服了，是一种理智的胜利；自己被自己感动了，是一种心灵的升华；自己把自己征服了，是一种人生的成熟。大凡说服了、感动了、征服了自己的人，就有力量征服一切挫折、痛苦和不幸。"

取舍的智慧

在熊掌和鱼之间，我们必须选择其一，我们不可能既纯洁又污秽，既高贵又粗俗；我们也不可能在同一时间在水平线上既左右摆动，又上下升降；我们也不可能又想与世俗为友，又奢望同神灵交往。

在我们的生活里常常会看见这样的人。他们选择自己工作的时候，常常是举棋不定，犹豫不决，这样的人，即使他有再大的才华到头来也终究是一事无成。

一个打猎总失败的人向每次打猎总是满载而归的人求教方法。后者说这太简单了，当你遇到两只兔子的时候，不要同时去追它们，仅选择其中的一只追下去就可以了。

这看似极其普通的话，其实就是真理。由于每个人不可能同时向东西两个方向行进，我们也不能既穿着北极的裘衣，又穿着赤道的薄缕。

在熊掌和鱼之间，我们必须选择其一，我们不可能既纯洁又污秽，既高贵又粗俗；我们也不可能在同一时间在水平线上既左右摆动，又上下升降；我们也不可能又想与世俗为友，又奢望同神灵交往。

而有些时候，我们常常相信自己能同时侍奉两个主人，将使我们的生命劈为两半，一半奉送给幻想，一半奉送给现实。这就造成了我们内心的矛盾，此矛盾令我们左右为难，使我们的人生目标变得虚无缥缈。

拿破仑·希尔说：唯有澄清自己的价值观，才能找到准确的方向，获得成功的动力。

一个人当知道了自己的价值观后，就能更清楚地明白自己的作为，不至于像打猎总是失败的那人那样：一会向东，一会又向西。

此外，知道别人的价值观也是件重要的事，特别是那些跟你有密切关系或生意上有往来的人。如果你了解了他们的价值观，就等于掌握了他们的人生指南针，可以看清他们的决定过程。

你一定要知道自己的价值体系是什么，只有排在最上头的那些价值才能够把你带到幸福的人生。

自然，要想知道这些最重要的价值观，你就必须好好地把它们排列出来，然后每天的所作所为都得符合这些价值观才行。倘若你做不到，就必然得不到想要的人生，甚至过得都是空虚且不幸福的日子。

安东尼·罗宾有个女儿名为裘莉，生活因为常常能符合她最高的价值观，因而日子过得很快活。因为她很具艺术天分，是个天生从事演艺生涯的料子，所以，在16岁时便参加了迪斯尼乐园的表演考试。在她的想法中，认为只要录取就可达到她"有成就"的这个价值观。她真是不简单，当场打败了另外700位角逐的女孩，赢得了出场"夜间游行"的一纸合约。

当她得知这个消息的时候兴奋得不得了，罗宾和太太以及裘莉的朋友也为她高兴，并以她为荣，心想今后可经常有机会在周末的时候去看她的表演。然而迪斯尼乐园为她安排的表演紧凑得很，除了周末之外还包括每天晚上，而她的学校还没有放暑假。

为了这纸合约，她每天下课后得开3个小时的车，自圣地亚哥到洛杉矶的迪斯尼乐园，然后排演并表演几个小时，最后拖着疲累的身子再开两个多小时的车，等到了家时已经是深夜。

第二天清早，她还得赶到学校上课，由于睡眠的不足，她常常爬不起来。像这样长时间的打疲劳战使得她苦不堪言，更别提表演时还得穿着笨重的戏服。可想而知，没多久，她先前对那份工作的热情便冷却了下来。

更糟糕的是，就裘莉的角度来看，她认为如此紧凑的生活步调对个人的私生活影响很大，使她没有多余的时间跟家人及朋友欢聚。

自从裘莉接了这份工作，罗宾发现她情绪低落的时间越来越频繁，有时候连帽子不小心掉在地上都会引得她落泪，与此同时抱怨的次数也越来越多，这跟她先前给人的印象完全不同。

让她最终受不了这份工作的原因，是有一次他们全家要到夏威夷3个礼拜，由于她还得去迪斯尼乐园工作而不能与大家同行，这一来她的坚持忍耐终于崩溃了。

一天早上，她哭着来找罗宾，一脸的沮丧、不快与困惑，这副表情简直让人不敢相信，6个月前她还因为得到那纸合约而兴奋异常，谁想到，今天迪斯尼乐园的表演居然会成为她的梦魇。

她会在这么短的时间里有这么大的转变，主要原因为在表演上花的时间太多，剥夺了她与家人和朋友共聚的机会。除此之外，因为裘莉过去经常协助罗宾工作，从中获得了很多有利于她成长的知识，现在却因为迪斯尼的表演而使她失去那些机会。

每一年来自全国各地，甚至从世界各国来参加罗宾研讨会的人成千上万，跟这些朋友交往使裘莉的眼界扩大甚多，也成长甚多，那不是仅仅在迪斯尼乐园表演上能得到的。

能在迪斯尼乐园表演是她长期以来的心愿，因为那在她心中具有"成就感"，可是却让她无法参与协助罗宾的研讨会，得不到更多成长的机会，这使得她内心颇为矛盾，不知如何是好。

为了帮助她解开这个结，罗宾陪她坐了下来，请她静下心好好将心中认为最重要的四个价值观写下来，结果她写下的分别为：亲情、健康、成长、成就感。

在了解了她这个价值体系以后，罗宾觉得可以帮助她清楚地知道如何做一个决定，一个对她有帮助的决定。之后罗宾便向她问道："到底在迪斯尼乐园表演能带给你什么？这份工作对你有何重要之处？"她告诉罗宾说，一开始她是十分高兴能得到这份工作，因为那是个结交朋友的好机会。同时工作有趣并能得到掌声，这令她觉得颇有成就感。

然而在做了半年之后，她不再觉得这份工作有什么成就感可言，由于她觉得没有什么成长的机会，而她认为还有其他可以使她有成就感的事可做，甚至于成效更大。最终她颓然地说："我觉得有些心力交瘁，不仅健康受到伤害，同时也丧失很多与家人共处的机会。"

听她这么一说，罗宾接口道："如果你是这么想，那么稍微做个改变，看看对你会有什么帮助？譬如你辞去迪斯尼乐园的工作，就可以多陪陪家人，甚至也能够一同去夏威夷，请问这对你是否有意义呢？"

当罗宾说完这段话，她的脸顿时开朗起来，对罗宾嫣然一笑地说道："好吧，就依你的建议，我很愿意跟你们一道儿，甚至于我还可以有更多时间陪陪朋友。真高兴能重获自由，我得好好休息一下。然后积极运动运动身子，好恢复先前匀称的身材。我想在学校中也可以找到成长和有成就感的机会，就把成绩始终维持在甲等当作我的目标吧！能丢掉困累我的包袱，真是高兴！"

她的这些话清楚地说明了她的下一步要怎么做，在此以前她的痛苦十分明显。之所以会造成这种结果，是因为在进入迪斯尼乐园工作以前，她价值体系最高层面的三项分别是亲情、健康和成长，不过当时她都已经拥有但未放在心上，所以去追求最后一项的成就感，不过，这一来虽然使她得到了成就感，却失去了亲情、健康和成长——她之前最重视的三个价值。

因此，不管你选择了什么目标作为自己人生的追求，一定要充分地认识自己，这样你就不会干出同时去追两只兔子的傻事。

选择：成功的前奏

每个人的天赋，兴趣，才能都不尽相同，别人干成功的事情，你未必能干得好，所以，不能一味效仿别人的做法，而忽视自己的主观能动性。在人生的海洋上，如果迷失了方向，那将不可能成功地抵达彼岸。因此，我们要彻底摒弃"只顾拉车，不曾看路"的错识做法，在选准人生的目标的前提下，再付诸行动，一步步地接近目标，成功终将实现。

选择 > 努力

在现实生活中，人们往往只知道去努力地为自己的理想而奋斗，但却并没有发现他们的所作所为其实已经离他们自己的理想越来越远了。所以说：选择的努力更重要。

有一个非常勤奋的青年，很想在各个方面都比身边的人强。经过多年的努力，仍然没有长进，他很苦恼，就向智者请教。

智者叫来正在砍柴的三个弟子，嘱咐说："你们带这位施主到五里山，打一担自己认为最满意的柴火。"

年轻人和三个弟子沿着门前湍急的江水，直奔五里山。

等到他们返回时，智者正在原地迎接他们。年轻人满头大汗地扛着两捆柴，蹒跚而来；两个弟子一前一后，前面的弟子用扁担左右各担4

捆柴，后面的弟子轻松地跟着。

正在这时，从江面飞来一个木筏，载着小弟子和8捆柴火，停在智者的面前。

年轻人和两个先到的弟子，你看看我，我看看你，沉默不语，智者见状，问："怎么啦，你们对自己的表现不满意？"

"大师，让我们再砍一次吧。"那个年轻人请求说，"我一开始就砍了6捆，扛到半路，就扛不动了，扔了两捆；又走了一会儿，还是压得没气儿了，又扔掉两捆，最后，我就把这两捆扛回来。可是，大师，我已经努力了。"

"我们和他恰恰相反，"那个大弟子说，"刚开始，我俩各砍两捆，将4捆柴一前一后挂在扁担上，跟着这位施主走。我和师弟轮换担柴，不但不觉得累，反倒觉得轻松了许多。最后，又把施主丢弃的柴挑了回来。"

用木筏的小弟子抢过话，说："我的个子矮，力气小，别说两捆，就是一捆，那么远的路也挑不回来，所以，我选择走水路……"

智者用赞赏的目光看着弟子们，微微颔首，然后走到年轻人面前，拍着他的肩膀，语重心长地说："一个人要走自己的路，本身没有错，让别人说，也没有错，关键是走的路是否正确。年轻人，你要永远记住：选择比努力更重要。"

现在的社会竞争越来越激烈，当然，很多的年轻人是意气风发地进入一个行业里，想干出一番事业来，可是他们很多人都忽略了一点，他们很看好的行业或者是公司是否是适合自己的行业和公司呢？他们往往只知道去努力地为自己的理想而奋斗，但却并没有发现他们的所作所为其实已经离他们自己的理想越来越远了，就像上面的故事中所说的那样，年轻人非常拼命地去完成师傅交代的任务，可是结果却不尽如人意。而大徒弟和二徒弟却用了一个很好的方法来完成，最终他们的结果比年轻人好得多，而且也省力得多。而小徒弟更厉害，他知道自己的体力根本不适合做那样的工作，于是他选择了一个很好的工具去完成，当然，他的成果比其他人都要好。

这个故事说明了什么问题呢？大家都为共同的目标而奋斗，可是他们所选择的工具不同，得到的结果是完全不同的。年轻人不管多努力，不管他再去试几次，如果他不改变自己的工作方法的话，他就永远不可能获得满意的结果。如果他选择了其他的方法的话，也许他就会从此改变自己的一生，选择大于努力，大家牢牢记住吧！

扼住命运的咽喉

机遇总是像天空的闪电一样，当它来到你身边的时候，如果你不能快速地作出选择，并快速地抓住它，那它就会从你的眼前溜走，使你的才华得不到展示，同时也难以使自己出人头地。

机遇对于一个有才华的人来说，就像雨水对于禾苗一样重要，因为机遇可以使你的才华像明亮的星星一样放射出迷人的光彩。

然而，机遇总是像天空的闪电一样，当它来到你身边的时候，如果你不能快速地作出选择，并快速地抓住它，那它就会从你的眼前溜走，使你的才华得不到展示，同时也难以使自己出人头地。

而一个善于选择机遇并抓住机遇的人，无疑会摘取成功的皇冠。

世界影坛最伟大的女演员之一格丽泰·嘉宝，可以说是一个善于选择机遇并善于展示自己才华的人。

小时候的嘉宝是一个很平常的女孩，不过那时的她经常偷偷跑到一家剧院的附近，站在那儿聆听演员们的歌唱。有时她还把儿童水彩颜料涂在自己脸上，把自己打扮成在舞台上光彩夺目的大明星。

在她刚 14 岁时，父亲因病去世了，她和母亲相依为命。为了减轻家里的负担，她不得不辍学到一家百货商店去工作。

有一天，发生了一件小事，正是这件小事使她走上了她做梦都没有想到的成功之路。

她在卖帽子时，向老板提议为帽子做一个广告，以便促进帽子的销售。老板采纳了她的建议，决定拍一个帽子的广告片，并由她来做模特。

要不是一个目光锐利的电影导演偶然看见了那个广告片，嘉宝也许直到今天还在那里卖帽子呢。

这位导演第一个发现了嘉宝潜在的表演天赋，当时她还不到 16 岁，他建议她到一所戏剧学校去学习。

就在她在学校上学的时候，有一天，瑞典大导演斯蒂勒派人到那个戏剧学校，要求学校选派一名年轻的女学员去扮演一个小角色。嘉宝得到了这个机会，当时，她的名字叫古斯塔夫森，这不是一个富有诗意的名字，而且不上口，不好记。

于是，导演的魔棍一挥，格丽泰·古斯塔夫森就成了格丽泰·嘉宝。

后来嘉宝在艺术的道路上，取得了辉煌的成就，成为世界上最著名的女演员之一，她的知名度比二百年来所有坐在她的祖国瑞典王位上的帝王还要高。

在人类漫漫的历史长河中，有多少有才华的人，因在机遇来临的时候，没有作出及时的选择，没有快速地抓住它，而默默无闻。

如果你不甘平庸，就牢记篮球大师迈克尔·乔丹的话：如果你有才华，那么更需要抓住机遇去展示。

美国著名汽车大王福特对机遇有着自己的看法。他说：当机遇来到你身边的时候，你要准确地抓住它，你离目标就近了一半。

当你选定了人生追求的目标之后，你要时刻保持头脑的清醒，因为只有这样你才会在这个信息时代，从众多的信息中分辨出哪些是有利于自己的信息，同时你还要使自己的眼睛始终像水一样清澈，因为这样当机遇来到你身边的时候，你才能看清它，并准确地抓住它，使你踏上成功之路。

钢铁大王卡耐基的创业经历，给我们留下了很好的启示。

1835 年 11 月 25 日，美国钢铁大王卡耐基出生于苏格兰古都丹弗姆林。父亲以手工纺织亚麻格子布为生，母亲则以缝鞋为副业。1846年的欧洲大饥荒和 1847 年的英国经济危机相继发生后，卡耐基一家实在无法生活下去了，不得不移居美国。

全家人到了美国之后，为了维持生计，卡耐基在纺织厂当过童工，烧过锅炉，在油池里浸过纱管，送过信。

由于卡耐基在送信期间苦练出了高超的电报技术，后来他被宾夕法尼亚州铁路公司聘为职员。

由于卡耐基十分聪明，又加上勤奋好学，在宾夕法尼亚州铁路公司的十年中，他很快被重用，在他24岁的时候就升任该公司的西部管区主任，年薪1500美元。在当时来说，那是很高的收入。

卡耐基在工作期间逐步掌握了现代化企业的管理技巧。同时，他也抓住时机参与投资。他凭借着自己的聪明才智频频得手，慢慢地积累了一部分资金，为他以后创办钢铁企业奠定了一定的基础。

1856年，好友斯考特劝说卡耐基购买10股亚当斯快运公司的股票，共计600美元。

这是卡耐基有生以来第一次参与股票投资，当时他的全部积蓄不过60美元，但认准机会的他怎么能让这只"会下金蛋的鸡"跑掉呢，他下决心无论如何也要凑足这笔钱。经过与母亲商量，他决定以房屋作抵押来贷款。不久，一张亚当斯公司的10美元红利的支票就送到了卡耐基的手中。

随后，卡耐基又充当"伯乐"，将卧铺车的发明者伍德拉夫引荐给宾夕法尼亚州铁路公司，建立了一家火车卧铺车制造公司。

善于抓住机遇的卡耐基这一次通过贷款买下了该公司八分之一的股份。他仅用200余元的投资，一年之间就分得股票红利高达5000美元。这一次卡耐基再次抓到了一只"会下金蛋的鸡"。

多次的投资成功之后，1863年28岁的卡耐基在股票的投资上已成了行家里手。

1865年，卡耐基果断地辞去了宾夕法尼亚州铁路公司的工作，开始一心一意地干起了自己所选择的事业。

他先后创办了匹斯堡铁路公司、火车头制造公司以及铁桥制造厂，并开办了炼铁厂，他开始涉足钢铁企业。

19世纪60年代，美国的钢铁生产经营极为分散，从采矿、炼铁到最终制成铁轨、铁板等产品，中间需要经过许多厂家。加上中间商在每个环节上层层加码，致使产品的成本很高。卡耐基深知这种现象对自己来说是一个千载难逢的好机遇，这个机遇对自己来说是一只"能下大金蛋的鸡"。他选准了目标后，立即出手，决心建立一个面目全新的，囊括整个生产过程的产、供、销一体化的现代钢铁公司。

1873 年，卡耐基认为在钢铁事业上大干一番的时机到了，在当年的年底，卡耐基与人合伙创办了卡耐基——麦坎德里斯钢铁公司。公司共投资资本 75 万美元，卡耐基投了 25 万美元，是最大的股东。在随后的 20 年里，他的财富增加了几十倍。

1881 年，卡耐基又与其弟弟汤姆一起成立了卡耐基兄弟钢铁公司，其钢铁的生产量占当时美国钢铁生产总量的七分之一。

1892 年，卡耐基把卡耐基兄弟钢铁公司与另两家公司合并，组成了以自己的名字命名的钢铁帝国——卡耐基钢铁公司。

至此，经过多年奋斗的卡耐基终于登上了事业的顶峰，成为名震世界的钢铁大亨。

1900 年，65 岁的卡耐基已经功成名就，他踌躇满志，决定心安理得地退休，用自己的巨额财富去做他早已想做的公益事业。

早在卡耐基 33 岁的那一年，他曾在日记中写道：对金钱执迷的人，是品格卑微的人。如果我一直追求能赚钱的事业，有一天我就会堕落下去。假使将来我能够获得某种程度的财富，就要把它用在社会福利上面去。

金钱在某种意义上讲是衡量你追求人生目标成功与否的标志，但在金钱的运用上，则体现了一个成功人士对人生追求的终极目标。

在这一点上，卡耐基选择机遇、抓住机遇的成功经历以及他对金钱的运用，为我们树立了榜样。

决定了就不再害怕

庸人们没有一个明确的生活目标，跟着感觉走，走到哪算哪，结果总在一个地方绕圈子，奔奔波波，忙忙碌碌，却一事无成。如果你不想成为他们中的一员，请尽快明确人生的目标。

有一个好幻想的青年，他有满脑子想达成的愿望：想成为一位政治家，使普天下的人为之受益；想成为一个大富豪，与比尔·盖茨一争高低；想娶一位漂亮的妻子，对自己忠贞不渝……但在现实中，他却没有一个明确目标，觉得当官没意思，发财也没意思，娶老婆虽然有意思，但眼前的女人都没意思。他每天工作无精打采，下班后无所事事，活得悲观颓丧，有心振作起来，却不知如何是好。

庸人们没有一个明确的生活目标，跟着感觉走，走到哪算哪，结果总在一个地方绕圈子，奔奔波波，忙忙碌碌，却一事无成。如果你不想成为他们中的一员，请尽快明确人生的目标。

如果你知道你需要什么，就会有一种开始行动的冲动。

1. 划出人生线路

先确立一个大目标，然后将它分成多个小目标。对于最近的目标积极付出努力，因为这些目标可以在比较短的时间内实现。你达到这个小目标的时候，觉得有了进步，便感到很高兴，然后休息一会，又鼓起劲来，树起第二个目标，向着目标前进。

人生好像是爬山一样。你最先必须有一种到达山顶的强烈欲望。如果你只满足于站在山谷中，永远不会到达山顶。如果你只是悠闲地望着山顶，或是想象着你已经到了那里，那你也绝不能到达山顶的。你必须鼓起劲来，努力攀登。如果你只望着山顶，糊里糊涂地往上爬，不管路上的岩石，那么，你也不会到达山顶，你必须当心你眼前的脚步。你的目的地是山顶，山顶有时清楚，有时模糊，有时完全看不见，但是不管看见看不见，总可以给你最后的目标。

最后的目标使你不致迷失路途，不过如何爬山则要靠你自己的努力了。

2. 重视眼前工作

工作、家庭与社交三方面是紧密相连的，每一方面都跟其他方面有关，但影响最大的是你的工作。你的家庭的生活水准、你在社交中的名望，大部分是以你的工作表现决定的。所以，将眼前工作干好，等于为未来铺垫基石。

3. 希望与结果成正比

人的内心有着无限的力量，当一个人满怀希望，充分发挥出他的个性时，他的人生就会有惊人的闪光，不可能的事也会陆陆续续地变成可能。

4. 决心

命运也会屈服于人的决心。当我们有了某种决心，并且相信实现的可能性时，各方面的力量都会动起来，把自己推向实现的方向。

不管你现在处于何种恶劣的环境中，也不要被环境打垮，而要为了达到目标去努力，向着更大的目标挑战。当你这样做时，已经一步一步地走向成功之路了。

5. 理性

你要什么、想做什么、想成为什么？作这些决定不能依赖潜意识，要凭理性。也就是说，从身边的事到一生的计划，凡是决定自己意志的都是理性的任务。

理性不但能帮助我们订立目标，还能帮助我们在情势不利时明智地改变目标，并使我们的行为不会无理、偏见，或受别人意见的左右。

6. 让目标融入生活

没有人会怀疑设定明确目标对成功的重要性。然而，多数人都没有真正地牢记目标并按目标去生活。目标不仅是一个努力方向，还应该是一个衡量尺度，用它来分清生活中的哪些事是有益的，哪些事是有害的，然后按利害关系来决定做与不做。假如目标只留在纸面上，停在口头上，或藏在头脑中，就变得毫无意义了。

7. 不要认为自己"无能为力"

没有一个"无能为力"的人，也没有一件"无能为力"的事，除非你自己准备放弃。下面两个建议一旦和你的毅力相结合，你期望的结果便易于获得：

（1）告诉自己"总会有别的办法可以办到"。每年有几千家新公司获准成立，可是5年以后，只有一小部分继续营运。那些半路退出的人会这么说："竞争实在是太激烈了，只好退出为妙。"真正的关键在于他们遭遇障碍时，只想到失败，因此才会失败。

你如果认为困难无法解决，就会真的找不到出路。因此一定要拒绝"无能为力"的想法。

（2）先停下，然后再重新开始。我们时常钻进牛角尖而不知自拔，因而看不出新的解决方法。

用奋斗点亮理想的灯塔

无志者常立志，有志者立志长。生活中我们必须立下志愿，才会有奋斗的目标，否则浑浑噩噩地过日子，那岂不是虚度光阴吗？

苏格兰有一句民谚：其实顶上就是一片悬崖，人们称之为"黑暗里程"。在生活中，我们迟早也要走过这样一段黑暗而危机四伏的路程。给自己设定一个看得见的目标，把天梯搬到自己的脚下，我们就会攀缘过去。

公元 1876 年，美国亚马士都大学的校长威廉·克拉博士，应聘到北海道刚创立的札幌农校，担任教务主任。他和学生一同生活，教育他们达 8 个月之久。培养了佐藤昌介、内材鉴二、新渡等杰出的教育家。克拉博士在任满离校时，给学生们留下了一句名言："少年人要立下大志。"

无志者常立志，有志者立志长。生活中我们必须立下志愿。才会有奋斗的目标。否则浑浑噩噩地过日子，那岂不是虚度光阴吗？孔子曾说过，他在 15 岁的时候就立志向学。日本高僧日莲法师也在 12 岁时，立下志愿要成为日本顶尖的人物。他们都是在年轻时就立下志愿，而终身为之奋斗，终成为名人。立志不但使生活变得有意义，同时也提高了生命的价值。相反的，一个人不知道自己一生中将做些什么事，不但不能体会人生的快乐，也会失去生存的意义。

松下幸之助说："即使是乞丐也会发下宏愿，努力乞讨，以求致富。"

这句话的意思不是说志向要愈高愈好。因为所立下的志愿若超出自己的能力，或脱离了现实范围，也就成了妄想。"先衡量自己的能力，设计长远目标，从实际出发，制订长远的计划，一日一日地逐步去执行，才能达到理想。"这就是克拉博士给札幌农校的临别赠言,真是语重心长。

萧伯纳说:"人生真正的快乐,在于你自认有一个伟大的生活目标。"

每个人对工作看法之差异,就在人生观之不同罢了。

著名的心理学家马斯洛(A·H·Maslow)把人类的需求区分为五个层次,依次为:生理的需求(饥饿、性欲等基本需求)、安全的需求(免于恐惧、工作保障等)、社会的需求(亲情、爱情、友情)、自尊的需求(受他人的认可与尊敬)、自我实现的需求(立功、立德、立言)。

如果把这五项需求与"为何而工作"相互对照的话,"为生活而工作者"满足了生理与安全的需求;"为工作而工作者"满足了社会与自尊的需求;"为理想而工作者"满足了自我实现的需求。

有一则真实的故事。

巴黎艾菲尔铁塔当年在打地基之时,有一位报社的记者去访问打地基的工人,想知道他们对此项工作的看法。

第一名工人说:"当一天和尚撞一天钟,干一天算一天啦!我每天下班后,希望有一杯老酒喝喝,就心满意足了。"这名工人神态懒散,对兴建铁塔似乎没什么兴趣,是个典型的"为生活而工作者"。

记者走了几步,碰到另一名忙碌的工人,也问他相同的问题。

工人擦擦汗回答说:"我一家五口就靠这份收入,所以我必须努力地工作,以养家活口。而且,我知道勤奋工作必获上级的赏识,希望不久之后就会升级加薪。"这是个"为工作而工作者"。

记者走到另一边,遇见一名若有所思的工人,又问他同样的问题。

工人昂首回答说:"我正在兴建一座世界最高的大铁塔,这件工程完工之后,全世界的人都将慕名来参观。能够参与这一件伟大的工程,我觉得很荣幸,而且我的家人也以我为荣。"这是"为理想而工作"的典范。

三个领相同薪水、做相同工作的人,对"工作"的看法差异如此之大,其原因就在人生观迥异罢了。

那么,请问你是"为生活而工作""为工作而工作",还是"为理想而工作"的人呢?

咬住目标不放弃

不论就业或创业，在选定一个目标之后，万万不可操之过急，必须愈挫愈奋，咬住不放，一定会成功。

人生就像爬阶梯一样，必须一步一阶，丝毫取巧不得；只要一步一阶，终必抵达山顶。

目标一经确立之后，就要心无旁骛，集中全部的精力，勇往直前。

有一位父亲带着三个孩子，到沙漠上去猎杀骆驼。

他们到达了目的地。

父亲问老大："你看到什么呢？"

老大回答："我看到了猎枪、骆驼，以及一望无际的沙漠。"

父亲摇头说："不对。"

父亲以相同的问题问老二。

老二回答："我看到了爸爸、大哥、弟弟、猎枪、骆驼，还有一望无际的沙漠。"

父亲又摇头说："不对。"

父亲又以相同的问题问老三。

老三回答："我只看到骆驼。"

父亲高兴地点头说："答对了！"

这个故事告诉我们，目标确立之后，就必须心无旁骛，集中全部的精力，注视目标，并朝目标勇敢前进，这是迈向成功的第一步。

又有一则小故事。

有一个工头叫工人拿一把圆锹，挖了一个深洞后，工头要工人爬出来，到别处挖另一个洞。当工人挖到某一深度后，工头进洞检视一番，不满意地摇摇头，要工人再到他处又挖一个洞。

如此，周而复始，挖到第五个洞时，工人忍不住了，他生气地丢下圆锹说："挖！挖！挖！到底在挖什么呀！我不干了。"

工头讶异地说："你急什么呢！我一直在找水管的破裂处啊！"

工人的脸色缓和下来说："原来如此，你何不早说呢！"他拿起圆锹，继续工作。

对啊！工头何不在一开始，就把挖洞的目的告诉工人呢？做任何事，首要之事就是目标要明确。

一个人若想走上成功之路，首先必须确立目标，这是我们每个人都明白的道理，然而是不是有了目标就会成功呢？

行百里者半九十

有人问企业家张国安成功的秘诀，他回答说："选定一件事，就咬住不放。世界上成功的人，不是那些脑筋好的人，而是对一个目标咬住不放的人。"

张国安的话中谈到了两件事，其一是选定一个目标，其二是咬住不放。

有一位老师在讲台上谆谆教导学生做事要专心，将来才会有成就。

为了具体说明专心的重要，老师叫一名学生上台，双手各持一支粉笔，命其同时在黑板上，右手画方，左手画圆，结果学生画得一团糟。

老师说："这两个图都画得不像，那是因为分心的缘故。追逐两兔，不如追一兔。一个人同时有两个目标的话，到头来一事无成。"

这个小故事告诉我们，要成功，只能选定一个目标。

再说咬住不放，咬住不放就是锲而不舍、坚持到底的意思。

王永庆说："年轻人踏入企业界，只要你努力学，一年就可以得其要领，而三年有成。"

日本有句俗话说："再冷的石头，坐上三年也会焐暖。"

这两句话主要在勉励我们，至少要三年咬定一个目标不放，全力以赴，才会有成。

目前许多刚从学校毕业的年轻人，胸怀大志，自信满满，也勤奋努力，但稍遇挫折就放弃了。爱迪生说过，全世界的失败，有了5%只要继续下去，都可成功；成功最大的阻碍，就在放弃。

所以，不论就业或创业，在选定一个目标之后，万万不可操之过急，必须愈挫愈奋，咬住不放，一定会成功。

人生就像爬阶梯一样，必须一步一阶，丝毫取巧不得；只要一步一阶，终必抵达山顶。

攀登自己的"珠峰"

每一个人都应该努力根据自己的特长来设计自己、量力而行。根据自己的环境、条件、才能、素质、兴趣等，确定进攻方向。

善于设计自己，从事你最擅长的工作，你就会获得成功。

鲁迅、郭沫若原来都是学医的。作为医生，他们并不出类拔萃，后来改搞文学，成了文坛巨人。如果他们坚持学医，那就可能埋没了自己的才能。

俄国戏剧家斯坦尼斯拉夫斯基在排练一场话剧的时候，女主角突然因故不能演出。他实在找不到人，只好叫他的大姐来担任这个角色。他的大姐以前只是干些服装准备之类的事，现在突然演主角，由于自卑、羞怯，排练时演得很差，这引起了斯坦尼斯拉夫斯基的不满和鄙视。

一次，他突然停止排练，说："如果女主角演得还是这样差劲，就不要再往下排了!"这时，全场寂然，屈辱的大姐久久没说话。突然，她抬起头来，一扫过去的自卑、羞怯、拘谨，演得非常自信、真实。

斯坦尼斯拉夫斯基用"一个偶然发现的天才"为题记叙了这件事，他说："从今以后，我们有了一个新的大艺术家……"

试想，如果不是原来的女主角因故不能演出，如果斯坦尼斯拉夫斯基不叫他大姐试一试，如果不是他大发雷霆，使他大姐受到刺激，如果没有这一切偶然因素促成干杂务的大姐参加排练，一位戏剧表演家就一定被埋没了!

对于科学人才来说，也有许多自我埋没的现象。爱因斯坦大学时的老师佩尔内教授有一次严肃地对他说："你在工作中不缺少热心和好意，但是缺乏能力。你为什么不学医、不学法律或哲学而要学物理呢?"幸亏，爱因斯坦深知自己在理论物理学方面有足够的才能，没有听那个教授的话。否则，我们的物理科学就不会像今天这样硕果累累了。

人的兴趣、才能、素质是不同的。如果你不了解这一点，没有把自己的所长利用起来，你所从事的行业需要的素质和才能正是你所缺乏的，那么，你将会自我埋没。反之，如果你有自知之明，善于设计自己，从事你最擅长的工作，你就会获得成功。

这方面的例子实在是太多了，达尔文学数学、医学呆头呆脑，一提到动植物却容光焕发。阿西莫夫是一个科普作家的同时也是一个自然科学家。一天上午，他坐在打字机前打字的时候，突然意识到，"我不能成为一个第一流的科学家，却能够成为一个第一流的科普作家。"于是，他几乎把全部精力放在科普创作上，终于成了当代世界最著名的科普作家。伦琴原来学的是工程科学，他在老师孔特的影响下，做了一些物理实验，逐渐体会到，这就是最适合自己干的行业，后来果然成了一个有成就的物理学家。

一些遗传学家经过研究认为，人的正常的、中等的智力由一对基因所决定。另外还有五对次要的修饰基因，它们决定着人的特殊天赋，起着降低智力或升高智力的作用。一般说来，人的这五对次要基因总有一两对是"好"的。也就是说，一般人总有可能在某些特定的方面具有良好的天赋与素质。

所以，每一个人都应该努力根据自己的特长来设计自己、量力而行。根据自己的环境、条件，才能、素质、兴趣等，确定进攻方向。不要埋怨环境与条件，应努力寻找有利条件；不要坐等机会，要自己创造条件；拿出成果来，获得了社会的承认。

目标为人生导航

树立目标，永远是重要的，航海没有航标灯和经纬仪就会迷失方向，我们在人生海洋中的奋斗也是如此。切记必须要有自己的目标。

很多人都知道长江的源头在青海的唐古拉山，但我们更该知道，只有源头的水是不会汇成长江的，而那些被公认的长江源头的水又是从何而来的呢？经考证，那是由高原雪峰上一点一滴融化的雪水汇聚而成的。

美国总统亨利·威尔逊，从小在极其困苦的家庭里长大，他在给人做学徒工的星星点点的空闲里，竟在 11 年的时间里用那微薄的收入购置了几千本书并全部读完。

　　想想看，在我们的生活里浪费的时间和金钱，如果放在威尔逊手里都能做些什么呢？我想，这可能就是我们永远也做不上总统的重要原因吧。

　　时间、金钱、智慧，在我们的生命里都是有限的，那么我们怎样去充分利用它，让其最大限度地为我们发挥作用呢？我们利用好时间、金钱和智慧的最终目的是什么？

　　首先，时间的管理在我们的生活中是很难受到重视的，人的一生只有几十年，三分之一的时间在睡大觉做美梦。而在孩提时的十几年到二十几年的学习时间，是纯消费的，还有至少十几年的老年时光，我们真正用到事业上的时间还有多少？怎么有效利用这些时间？我们只有积累和挤压。做什么事情都需要时间，将点滴的时间积累起来，再尽量从那些对事业无益的事务里挤些时间出来。试想一下，我们要是每天积攒出一小时的时间，累计起来，就等于我们的生命在每年延长了15天，依此算下去，数目可观。

　　在金钱的利用上同样如此。很多商业巨子都不会轻易地浪费一分钱，如看准了投资机会，他们就可以用他们积累的财富去创效益，以赢得更高的回报。

　　智慧的积累是漫长的过程，俗话说得好："活到老学到老。"智慧是通过不断地学习积累，实践积累，甚至是用失败和挫折兑换而得到的。真正的成功者永远不会说自己是成熟者，他们不会放过任何一个学习的机会，而且他们总在不断地追求进步和提高。

　　那么我们回到那个问题上来，我们聚集每个小时而为天，积攒每个铜板而为钱，积累智慧经验而为知识，我们积累这些的最终目的是什么？其实答案很简单：那就是为我们自己实现最终的目标而准备条件。也可以这样说，不管你给自己树立的是什么目标，想要实现，都需要这三个条件：时间、金钱、智慧！

　　小目标的接力过程亦是如此。我接触的很多校园学子在寒暑假里去

【头脑的风暴】——成功之道

给餐馆或工地打工。他干好每天的工作给老板个满意能领到薪金是个小目标，而到学校去交学费能学到知识，得到学位证书是中目标，将来能到社会上做一番事业就是大目标。

给自己设定的每个小目标，它们的起步和完成都是一个积累过程，都是为实现大目标而服务的。

考上大学一直都是春子的理想，由于家庭困难，在春子真的以优异成绩考到某学院时，家里却拿不出几千元的学费。春子对家里说："真的拿不出钱就去卖血暂交学费，以后靠给学校勤工俭学补齐。"看到这样的决心，亲邻都帮凑了些，终于使春子去了学校。由于春子深知学习机会来之不易，在校期间他将每一秒时间，每一分钱都用到学习上。毕业时，班上的同学数春子成绩好，可经济条件却没有比春子更差的了。同学们逛街、看电影、跳舞的时间被春子利用到学习上，三年的大学生活更使春子懂得了积累的力量，也正因为春子用积累的时间得到了超群的知识，被北京某科研所录用。

前些时和春子见面时，他还说这远没有止境，他要升本、考研，为自己将来更高的目标打基础。他说："只要懂得利用和积累自己具备的条件，是什么事都不难做到的。"

由此可见，春子的小目标已经很牢固。我相信，他不管给自己树立多么大的目标，只要在每个小目标上能扎实完美地完成，那他的大目标就一定会实现。

作为我们每个人，都是如此，在树立目标和实施过程中，谁都不会不经历任何阶段而一步登天。小目标的积累过程很重要，根基不稳如何能建大厦？

因此，认真地做好今天的事，就是在给明天奠定基础，记住，成功，就是这样一步步走出来的。

树立目标，永远是重要的，航海没有航标灯和经纬仪就会迷失方向，我们在人生海洋中的奋斗也是如此。切记必须要有自己的目标。

态度：成功的动力

Attitude is everything.

态度决定一切。

——Bora Milutinovic（中国男足功勋教练米卢蒂诺维奇）

在生活的海洋上，不可能总是一帆风顺的，难免有风暴袭击和暗礁的潜伏。我们不仅要坦然地面对这一切，而且，要以乐观态度来寻求解决问题的方法，并以认真负责的态度去做好每项具体的工作。那么，人生中的任何艰难险阻都能战胜。态度是最强的自我驱动力，在通向成功的道路上发挥着巨大的作用。

偷得浮生半日闲

我们应以能活在所能活的这一刻而感到满足。不论生活有多繁琐，工作有多忙乱，不论担子有多重，我们每个人都能耐心、安详地活到太阳下山，而这就是生命的真谛。

证严法师说：所谓凡夫心，是有过去、现在、未来之分别心。

在一个寂寞的秋天的黄昏，无尽广阔的荒野中，有一位旅人蹒跚地赶着路。突然，旅人发现薄暗的野道中，散落着一块块白白的东西，仔细一看，原来是人的白骨。

旅人正在疑惑思考之际，忽然从前方传来惊人的咆哮声，随着一只大老虎紧逼而来。看到这只老虎，旅人顿时明白了白骨的原因，立刻向来时的道路拔腿逃跑。

但他迷失了方向，竟然跑到一座断崖绝壁的顶上。在无计可施之中，他看到断崖上有一棵松树，并且发现从树枝上垂下一条藤蔓。于是旅人便毫不犹豫，马上抓着藤蔓垂下去，可谓九死一生。

然而这只老虎并不甘心即将到嘴的一顿美餐居然失之交臂，懊恼地在崖上狂吼着，不肯离去。

旅人凭着这藤蔓的庇荫，终于逃脱生命危险，暂时安心了，但是当他朝脚下一看时，不禁失声惊叫起来。原来脚下竟是波涛汹涌底不可测的深海，怒浪澎湃着，而且在那波浪间还有三条毒龙，正张开大口等待着他的堕落，旅人不知不觉全身战栗起来。

他恐怖地抬头一看，自己赖以求生的藤蔓的根部，爬出了两只白色和黑色的老鼠，正在你一口我一口地开始撕咬藤蔓。旅人拼命的摇动藤蔓，想赶走老鼠，可是老鼠一点也没有逃开的意思。

但是他每摇动一次藤蔓时，从松树枝上筑窝的蜂巢里就有蜂蜜流出来，一滴一滴从上面落下来，落在旅人的唇边。由于蜂蜜太甜了，旅人完全忘记如今正处于危险万分的死怖境地，完全沉浸在甜蜜之中。

这只是一个佛教中的譬喻，生活中没有如此鲜明的际遇对比。可是我们却看到，很多人每天都在类似的境况之下，因为昨天的烦恼或者明天的恐惧，而把今天的快乐倒掉。

在英语中，不论是快乐还是幸福、愉快、陶醉，都统统用一个happy 来表示，其中的差别，让每个人自己去体会。而我们汉语中，快乐是快乐，幸福是幸福，二者的境界是不同的。

而且，无论是快活还是快乐，都用一个"快"字，就把人生一切乐事的飘瞥难留，清清楚楚地指示出来。

著名的古罗马诗人贺瑞斯有一首诗说：

这个人很快乐，也只有他能快乐，

因为他能把今天，称之为自己的一天；

他在今天里能感到安全，能够说：

"不管明天怎么糟，我能够享受今天。"

悲观的人分为两种，一种是为了几天甚或几个月以前的事而懊恼，另一种是为了几天甚至几个月以后的事情而担心。结果，不论是懊恼还是担心，都把他们压迫到精神崩溃的地步。

结果怎么样呢，到处挤满了被昨天和明天压垮的病人。而这些人中的大多数，只需要奉行一句话就能把自己拯救出来，马上过上一种快乐而自信的生活。

这句话只有六个字：只活在这一刻。

在现在的这一刻，我们每个人都站在两个永恒交会之点——已经永远永远的过去，以及延伸到无穷尽的未来。谁都不可能活在这两个永恒之中，一秒钟也不行。

然而，有多少人虽然也向往阳光下的惬意，既不是守财奴，也不是工作狂，却仿佛被一把无形的皮鞭抽打着，脚步匆匆，不能有一刻停息。

在他们的天空里，阳光永远都在明天，因为他们舍不得享受今天。一种理想主义的信念，让他们执著地把今天的阳光都存储起来，然后设定一个密码：明天。

但是世事无常，在某一天，生命的弦说不定会戛然而止，手里攥着一生的积蓄，会因无人提取而永远沉入黑暗。

所以，我们应以能活在所能活的这一刻而感到满足。不论生活有多繁琐，工作有多忙乱，不论担子有多重，我们每个人都能耐心、安详地活到太阳下山，而这就是生命的真谛。

一个能够安心享受今天的阳光的人，也一定能够在明天安心地出海打鱼。因为，他们活得简单，每一天都在享受，既享受工作的快乐，也享受休闲的快乐。有阳光时尽情享受过，才不会在阴霾来临时为自己没有享受昨天的阳光而后悔。

这种人安于现状，不奢求，但是很会享受；对未来持一种乐观态度，但并不迷信未来。他们是一群现实主义者，也是享乐主义者，但是并不堕落。他们回复到了人类生存的一种最简单状态，像一群水里的鱼，既会在有生理需求的时候出去寻食，也会在碰到一棵舞姿优雅的水草时在它面前尽情嬉戏。

请大家问问自己下面这几个问题，然后写下答案：

我是否没有生活在现在而只担心未来？清早起来的时候，我是否决定要抓住这一天，尽量地利用这二十四小时，做一个享乐的现实主义者？

什么时候开始去做，下星期？明天？还是今天？

让我们记住：快乐不是运动，因为任何运动都需要时间来完成。快乐永远是现在，是完满和完整的现在，它生成于每一个活动，并使实现活动完满起来。

每一步都是人生。

生活是怎样的？

有人认为生活是肩膀上的纤绳，不堪承载；比如一些宗教的教义告诉人们人世是一苦海，人生是苦海扁舟，人要摒弃一切欲望，因而人生是不能享受的，要忍受苦难等待来生。有人认为生活只是指甲上的油彩，除了修饰之外没有任何意义……

这还只是表象，让我们看看对生活真相的艺术总结。

在《北回归线》的开头，亨利·米勒写道："鲍里斯刚刚总结了他的看法。他是一个天气预报专家。他说，天气会继续坏下去，会有更多的灾难、更多的死人、更多的绝望。无论哪儿都没有一点要发生变化的迹象，但时光之癌症正在吞噬我们。我们的英雄或者已经自杀，或者正在自杀。这个英雄不是时间，却是永恒。我们必须步调一致，前赴后继地朝着死亡的监狱奔去。无法逃脱。天气也不会变。"

读到这一段话，有没有一种苍茫的悲哀在心底升起？

抬头看着天，上面又没有快乐掉下来，我们到哪里寻找？

一切有关快乐的追问都是有意义的，这表明了向上的精神。

在生活中，有人只乐一会儿，有人乐一小时，有人乐一天之后惆怅半个月。如果把一生的快乐加起来计算人生，有人只活了十年，有人活了二三十年，有人只活了两三年。也有完全不快乐的人，郁闷过了一生，从这个刻度计算，他就相当于没在这个世界上存在过。

有什么理由不快乐呢？或许有很多缘由，但其中一个容易被人忽视的原因则是：很多人以为，今天的烦恼不过是明天的快乐的代价，为了明天，宁肯在不快乐中消磨今天。

但是今天的烦恼换来了明天的快乐了吗？

有一个人准备第二天清晨磨豆腐。磨豆腐既要用到火，也要用到冷水，所以他头一天晚上就拿了一只瓦盆，装了火种放在屋子里，又拿了一个铁罐子盛了水，放在有火种的瓦盆上，他这样想："我把火和水都已预备好了。"

第二天一大早，他起身去生火，可是火却已经熄灭了；再去倒冷水，冷水也已经变成热水了。

追随着为未来的担忧跌入烦恼的深渊的人也是如此，为未来烦恼是在浪费今天的精力，造成精神压力，神经疲累，就相当于熄灭了今天的火种，又破坏了明天的清凉快乐。

日久天长，烦恼已经成为积习。

要改变这种恶性循环，就必须学会把未来也像过去一样关闭得紧紧的。快乐应该就在当下！我们所应该要关注的，是怎么样把今天的分分秒秒过好。

一位参加过越战的士兵曾经说，他在战争中的任务是排雷，亲眼看到自己的几个亲密的战友一个个地倒下了。

他说："我从中学会一步一步地生活。我永远不知道自己会不会成为下一个倒下的人，因此，我必须充分利用每次抬脚和落脚之间的间隙，我感觉到每一步都像是整个人生。"

只有这样的信念，才会赢得源源不断的快乐。相反，如果我们想得太远太多，总是担心未来的生活，虚幻的想象会变成沉重的包袱，让生命有不能承受之重。

这世界上，随时都可能快乐的人大概只有上帝一个，还等什么，把本该属于我们的快乐从他那里抢回来吧！

头脑的风暴

成功之道

简单，所以快乐

简单是一种速度。丢开一切束缚我们心灵和思维的桎梏，更不要让世俗的网于无形中把你拉扯得身心俱惫，憔悴不堪。以一种快刀斩乱麻的方式，三下五除二地去做吧！

简单应该成为我们每一个人生活的准则。因为在人生道路上，唯有奉行简单的准则，才有可能避免误入阻碍我们成熟的岔路，陷入歧途。

就目前的潮流来看，无论是人际关系、社会结构或家庭关系，都同样有复杂化的趋势。然而，人们又不约而同地用一种简化的公式来处理这些关系。所以用"简单"的态度来处理事务，不仅能得到事半功倍的效果，同时也能将生活带入一种节奏明快的韵律之中。

其实，使事物变得复杂是很容易的，但若想将事物简化成有条不紊的情况就要动动脑筋了！

把复杂的问题看得很简单，把简单的问题看得很复杂，这两者谁笨？有一个朋友几乎没有考虑就回答说，两个人都笨得厉害，因为简单的问题就应该看得简单，复杂的问题就应该看得复杂。

《堂·吉诃德》里有一个片段：桑丘问表弟说世界上第一个翻跟头的是谁？表弟回答说这个问题我一时回答不上，等我以后回书房去翻翻书，考证一番，下次见面，再把答案告诉你吧。桑丘过了一会儿对他说，刚刚问的这个问题，我现在已经想到答案了：世界上第一个翻跟斗的是魔鬼，因为他从天上摔下来，就一直翻着跟斗，跌到了地狱。

看到这里你也许会忍俊不禁，原因是桑丘的回答非常简单，但它也包含着一种极其朴素的智慧，正如他的主人表扬他说：桑丘，你说出来的话，往往超过你的智慧呢。有些人煞费苦心，进行考证，但得出的结论往往既不能增长见识，也不能增添常识，真是毫无意义。

其实生活、学习、工作中的很多事情都很简单，大可不必费九牛二虎之力去伤透脑筋，人生、爱情、理想也是如此，很多时候都只是相当于一年级的数学一样，或者和根本就没有上过学、一字不识的人看待鸡兔同笼这一问题时的思维一样——打开笼子数数不就知道了？干吗费那么大力气列那许多方程式来计算！更重要的是干吗把鸡和兔一起关在笼子里呢——只不过有的时候人们走了太多太远太辛苦的路，却意识不到有些路是根本就不必走的。有些人看到别人走，自己也就拼命地赶路，认为在走了很多辛苦路之后就会有天堂，可是谁知道天堂就在他原来所在的地方，就在他一路行走的过程中。或者根本就没有什么天堂。

有个打鱼的人，他每天只打一尾鱼，那尾鱼刚好可以换他一天的食物、水和烟。然后他就躺在沙滩上晒太阳，望着蓝天白云抽烟，悠闲自在。这时来了一个商人，对他说："老兄，我觉得你应该打更多的鱼，然后把它们卖掉，等攒够一定数量的钱后就买一艘船，再开着船到处做买卖……""然后呢？"那人问商人。"然后就能赚很多很多的钱，就可以每天到海边晒太阳，听海……""可是我现在不正在晒太阳、听海吗？"那人回答说："更重要的是等我做够了那些事，赚到了足够的钱，也许我已经没有时间来晒太阳听海了……"

可见世界上没有复杂的事情，只有复杂的心灵和黑洞般没有边际不知深浅的欲望。这就像一棵树，细看来是许多的枝，再看是无数的叶，再看，是数不清的细胞。其实，它只是一棵树，一棵树而已。一切问题都是可以化为简单的，正如计算机里所有问题都只有两个答案：是或者不是。

简单是一种积极、乐观、向上的生活态度。对就对了，错就错了；爱就爱了，恨就恨了；笑就笑了，哭就哭了。哪有那么多麻烦、计较和周折，又哪容你翻来覆去地随意更改。生命太短暂，一生不过短短数十年，哪经得起那么多无谓的折腾。

简单就是要学会舍弃。这也要那也想，须知我们的双肩载不动那么多的金钱、名誉、地位、情感、哀愁和怨恨。干脆地舍弃吧。轻轻松松地上路，多一些时间来听花开花谢，多一些时间来关照日升日落，多一些时间来走向你心中的远方。

简单是一种速度。丢开一切束缚我们心灵和思维的桎梏，更不要让世俗的网于无形中把你拉扯得身心俱惫，憔悴不堪。以一种快刀斩乱麻的方式，三下五除二地去做吧！

头脑的风暴
——成功之道

简单其实就是这么简单。

你一旦奉行了简单的准则，就会摆脱心灵受到的污染，摆脱使你的生活变得错综复杂的恼怒。简单还意味着每次只确立一个目标，意味着你从此不再怨天尤人，意味着去做一切你力所能及的事。

乌云背后有晴天

悲观与乐观所不同的不是聪明才智或机运，而是一种生活态度、一种天真的信心——与其牢记失败，放弃尝试，我们更该学习相信希望、不屈不挠。

生活中处处有生机，唯有不断尝试的人，才会比别人更可能掘到一口活井。

1.生活该是你的朋友，而非敌人

从小，他的家人就告诉他：世风日下，人心险恶。有朝一日当他走入社会生活，就会明白人为财死、鸟为食亡的不朽真理。最糟的是没有一个人可以相信，每个人都会想尽办法占他的便宜。

高中毕业，他因没考上大学而尝试找工作，然而不是莫名其妙地被人解雇就是发现自己"不适合"那份工作。半年间他从杂志推销、送书、卖冷热饮、抄写，甚至连建筑工人都干过，却没有一样做得来。离职的原因不是他讨厌老板和同事，就是老板和同事讨厌他。

"都是这样的啦！这社会上有病的人多得是，你已经尽力。反正再怎么努力到头来都会碰到坏老板或坏同事，早点离开这种烂工作总比你辛苦经营老半天到头来却功亏一篑来得好。"

就这样，他开始窝在家里，怪自己时运不济，埋怨没有人慧眼识英雄。然而他内心对外面的世界又怕得不得了，总觉得无法证明自己是个有用的人。

另外有个女孩儿好不容易熬到商职毕业，眼见步入社会、一展所学的日子就要来临，她感到非常兴奋。一天，好心的老师在课堂上提醒班上的同学："不要轻易相信工作上的伙伴，免得被人陷害了都不知道。"

同学请老师进一步说明怎么判断同事是好是坏，如何知道自己会不会被陷害？老师却笑得高深莫测："到时候你们就会知道了……"

　　课堂上的气氛霎时变得凝重，等老师发现大家太紧张了，补充一句"但也不是每家公司都这样"时，已经无法抹去大家心里的阴影。

　　毕业后，她带着恐惧到新公司上班。为了怕被同事出卖，她从来不敢和同事聊私事。哪里有同事聚在一起联络感情，她肯定逃之夭夭。有人对她好，她怀疑他别有用心；有人对她不好，她觉得是印证了最初的猜测，也害怕付出更多。

　　她封闭自己将近一年，寂寞得快要发疯。有位同事注意到她闷闷不乐，上前关心询问，她终于打开心门和同事谈，没想到这一谈，谈成了一辈子的朋友。即使多年后她另谋高就、结婚生子，这位老同事永远是最先知道她情况的人。

　　从商职毕业已经过了十多年，工作环境起码也换了五六次，她不是没有遇到过刁钻古怪的上司，或是不得不防的同事。这些年来，她慢慢分辨得出什么样的人能当朋友，什么样的人得保持距离。然而对她而言，最重要的是让自己保持一颗平常心。而不是为了保护自己，而拒所有人于千里之外。

　　故事开始提到的他在家里又窝了几年，在断断续续的求职生涯中，终于在一次兼差时被同事问起："你不喜欢你的工作吗？"

　　他仔细想了想："还好啊，挺喜欢这工作的。"

　　"但你看起来不太快乐的样子……"朋友说。

　　他好奇地反问同事，才发现自己进入新公司后，那防卫的态度给人的感觉竟然是自命清高的傲气——碰到困难也不问人，一味埋头苦干。有人想帮他，他把对方当贼来防。同事有难也未曾见他伸出友谊之手。缺乏工作热诚，总是等上司讲一步才肯走一步。进公司好几个月对自己的职位总是一副可有可无的模样，好像随时都准备要离职。

　　听完同事的话后他平心静气地反省，不得不承认，倘若自己是老板，也会想要解雇这种怪里怪气的员工。他终于明白整天疑神疑鬼对自己没有一点好处，他应该培养的是与人合作的能力，积极地寻找生活中的战友，而不是消极地逃避一切。

生活是我们的朋友，而非敌人。

尽管我们偶尔会在生活中遇到不好的同事、老板、朋友，但并不代表所有人皆是如此。

不好的经验只是生命旅程中帮助我们成长的动力，并非完全无法控制或归结为生命的全部。

无限扩大生活中的不稳定因素并不会让我们开心，只会让我们失去享受生活的能力，阻碍我们与别人建立友谊，进而将自己带进孤独的城堡里。

2. 悲观与乐观的差距

我所协助的教授专门教导中小学准教师使用电脑辅助教学。她热爱教书，很喜欢与学生来往。这位教授人也相当乐观。每学期她都是在一、三、五上课。从早上9点到中午12点，4节完全相同的课一个紧接一个，很多时候她不累，电脑都累了。

身为助理的我在她上课期间随时待命，与她一起帮助学生。整个学期中总会有几天电脑的故障率特别高，或是学生对所教的内容听不懂。

此时，你会见到我们俩在电脑教室中像蝴蝶一般不停地穿梭飞舞，忙得焦头烂额。碰上学生能力不齐或对电脑特别不熟悉的班级，现场更是一片混乱。

然而，即使在这个时候学生抱怨听不懂、学不来、操作上频频出错或是电脑不合作，她都是开朗地笑道："今天我们的运气好像不太好，对不对？"

"看来电脑决定休息一下了……"

"这是个很好的学习经验，下一回，我们可以尝试其他方法，避开这个错误。"

"没关系，慢慢来，就算今天学不会，晚些时候我还可以帮你们。"

事实上，就算天要塌下来，她也是那么镇静自若。

有一回，她给学生示范如何启动某电脑软件，就在一步步示范说明到了关键之处，她将鼠标点上程序名称。在众目睽睽之下执行它："所有的麻烦都在前面，现在这么一点画面马上就会出来……"没想到出来的画面竟是："程序错误"。

她顿了几秒钟，回头朝学生笑笑："或马上不出来。"

最令人印象深刻的是有一回，有位学生提到自己的工作提案不受老板青睐："老板退回我的企划，还批评了我一顿。"

教授听完不是安慰她："没关系，至少你已经尽力了……"而是很兴奋地说："这真是个好消息，代表你只要照着他的建议去做，下一次就会成功！"

教授接着继续鼓励她看到更多光明的方面。说得好像那位同学不是被退件，而是被"有条件地"接受，听得那位同学的心都雀跃起来。

后来，那位同学真的将自己的提案再做修改，虽然仍没被老板采用。但她离开了那家公司，将自己的提案附在履历表里，找到了理念相同的老板，受到了重用。

这位教授是"正向思考"的绝佳典范——在她心中，逆境是短暂的，生活是可以控制的。

有时候人们会因为害怕重蹈覆辙而强迫自己"牢记失败"，从此不做"多余的努力"——这些人认为只有牢记失败、避免尝试，才是万全之道。

事实上，唯有正向的思考、不断的尝试、轻松的心情、乐观的态度，才能以最快的方式帮助你一步步走过考验，迎向光明。

那么，悲观与乐观的差距在哪里？

一般而言，乐观的人多数会成功。

有位学者在他长达数年的忧郁防治法计划研究中发现：乐观的人记得比较多快乐的事，不快乐的事则忘记得较多。除此之外，乐观的人做好一件事会肯定自己；做坏一件事则当它是失误，不会太在意。

悲观的人刚好相反吗？

不，他们记忆正确，对就是对，错就是错，他们是所谓"面对现实"的人。但如此面对现实，没想到竟也让他们失去了"做梦"的能力。

很多人说："成功是属于敢于做梦的人。"

悲观与乐观所不同的不是聪明才智或机运，而是一种生活态度、一种天真的信心——与其牢记失败，放弃尝试，我们更该学习相信希望、不屈不挠。

生活中处处有生机，唯有不断尝试的人，才会比别人更可能掘到一口活井——乐观的人比悲观的人更愿意不断尝试。差别仅在于此而已。

激情是生活的调味剂

激情，是心海中一朵洁白的浪花，它伟大而神奇；是萌发一切创造的动力和支柱，它构架起一座座人生瑰丽的彩虹桥，描绘出一幅幅壮丽雄浑的史诗般的画卷。

每天清晨，借一轮太阳，先将你的激情点燃。

众所周知，画家、作家、诗人等从事文学创作的人，他们可以忍受饥寒交迫，孤苦寂寞的侵袭，却承受不起没有激情这份重压。没有了激情，他们会变得百无聊赖、灵感枯竭。

其实激情对我们每个人都很重要。曾经热播的电视连续剧《激情燃烧的岁月》，令我们多少人心潮澎湃、热血沸腾？从"石光荣"的身上，我们看到了普通的人们，在平凡的岁月中，对激情的那份强烈渴盼！

普通人也好，名人也罢，只有在激情被点燃的时刻，才会焕发出昂扬的斗志，去书写人生壮美的篇章。

著名歌星林依轮，出生在河北省省会石家庄，他是父母的第三个孩子。

如今人们见到舞台上那个载歌载舞，热情洋溢的林依轮时，又怎么会想到，他曾是一个非常胆小的孩子呢？

林依轮出生的时候，正处于我国的特殊年代，他的爸爸是"走资派""反革命"。等他长到两个月的时候，造反派才对他爸爸管得松了点，妈妈抱着他，才算和爸爸见了面。

林依轮1岁多的时候，他爸爸才被放出来。可也就是从那时起，爸爸常没缘由地倒拎着打他，哪怕只是因为尿湿了炕这等小事。妈妈常心痛得掉眼泪。

他一天到晚都生活在胆战心惊的极度恐慌之中。小心翼翼地生怕犯了什么错，就连属于他的玩具都不敢动一下，生怕碰坏了又要挨打。

他5岁的时候，爸爸又被关了进去。抓他的那天，林方（林依轮的小名）正在家。那些人先抄家，然后把爸爸抓走了。隔一段时间又用卡车将他押解回来，进行呵斥、羞辱和批斗。

每当此时，幼小的林依轮都会偎在妈妈身边，陪父亲一同受煎熬，然后睁着惊恐的眼睛，看着他们用卡车将他父亲拉走。

胆子特别小的林依轮，常常遭到院里孩子的欺负。有一次，大院里几个孩子按住他，往他嘴里塞土，逼他咽下去，还拿鞋子打他的嘴巴，他不敢还手，只有像个女孩一样吓得不停发抖。

那么，后来他又是怎样成为一个在舞台频频亮相的青春偶像的呢？

他说，人活着的精神支柱是激情，它激励我在唱歌上拼一下！

如一支火把，激情点燃了林依轮胸中的万丈斗志。他不但在唱歌的技艺上突飞猛进，而且一改往日的卑微懦弱，把一个大胆、热情、奔放的崭新的形象，展现给了观众。

因为这份激情，一个新的广受观众喜爱的林依轮诞生了！

激情如火，激情如诗如画。

平凡的岁月里，它是一杯香浓的咖啡，催人昂奋。它是一杯甘冽的醇酒，能使人心潮激荡，壮心不已！

有春风细雨的地方，自然也会有凄雨严霜。不如意的时候切莫学霜后的瓜秧，蔫蔫地无精打采，垂头丧气。当挫折向我们袭来时，我们要把它当作是助燃剂，去燃烧我们的激情，去照亮自己锦绣前程！

勤奋：通往成功的捷径

勤奋，是成功的助推器，就是同样的工作量你比别人更卖力，以求尽善尽美地完成。如果你智力平庸，能力一般，那唯一适于你通往成功的捷径就是勤奋。

如果你有着很高的才华，那么勤奋会让你的才华绽放更多的光彩。

古罗马有两座圣殿：一座是美德的圣殿；另一座是荣誉的圣殿。他们在安排座位时有一个顺序，即必须经过前者的座位，才能到达后者——勤奋的座位。由此我们可以看出，勤奋是通往荣誉圣殿的必经之路。

勤奋，是成功的助推器，就是同样的工作量你比别人更卖力，以求尽善尽美地完成。如果你智力平庸，能力一般，那唯一适于你通往成功的捷径就是勤奋。

如果你有着很高的才华，那么勤奋会让你的才华绽放更多的光彩。你只要比别人更加勤奋，那么成功在你的手中就会变得更加简单。

一位哲人曾经说过："世界上能登上金字塔顶的生物只有两种：一种是鹰；另一种是蜗牛。不管是天资奇佳的鹰，还是资质平庸的蜗牛，能登上塔尖，极目四望，俯视万里，都离不开两个字——勤奋。"

一个人的发展与成长，天赋、环境、机遇、学识等外部因素固然重要，但更重要的是自身的勤奋与努力。没有自身的勤奋，就算是天资奇佳的雄鹰也只能空振双翅；有了勤奋的精神，就算是行动迟缓的蜗牛也能雄踞塔顶，观千山暮雪，渺万里层云。成功不单纯依靠能力和智慧，更要靠每一个人自身孜孜不倦地勤奋工作。

有一个偏远山区的小姑娘到城市打工，由于没有什么特殊技能，于是选择了餐馆服务员这个职业。在常人看来，这是一个不需要什么技能的职业，只要招待好客人就可以了。许多人已经从事这个职业很多年了，但很少有人会认真投入这个工作，因为这看起来实在没有什么需要投入的。

这个小姑娘恰恰相反，她一开始就表现出了极大的热情，并且彻底将自己投入到工作之中。她不辞劳苦，每天忙到很晚，而且无论老板在不在，她始终如一地忙碌着。一段时间以后，她不但能熟悉常来的客人，而且还掌握了他们的口味，只要客人光顾，她总是千方百计地使他们高兴而来，满意而归。她不但赢得了顾客的交口称赞，也为饭店增加了收益——她总是能够使顾客多点一两道菜，并且在别的服务员只照顾一桌客人的时候，她却能够独自招待几桌的客人。

就在老板逐渐认识到其才能，准备提拔她做店内主管的时候，她却婉言谢绝了这个任命。原来，一位投资餐饮业的顾客看中了她的才干，准备投资与她合作，资金完全由对方投入，她只负责管理和员工培训工作。同时，她将获得新店 25% 的股份。

现在，她已经成为一家大型餐饮企业的老板。

勤奋，终于让山村姑娘成为城市里的老板。所以，身为员工任何时候都应记住：老板不在不能成为你偷懒或放松自己的理由。恰恰相反，你应该将之视为一个机会、一次考验，在严格自律的同时，锻炼一下自我鞭策的能力，让自己有一个跨越式的进步。

跨越式的进步是不需要老板监督的。作为自身发展的必要条件，勤奋对每个员工的职业生涯都具有重要的意义，这个意义正随着越来越多的公司致力于建设学习型组织而日益凸显。勤奋是保持知识更新、适应时代发展的必然选择，不是一朝一夕的事情，因此，必须通过持续的努力追求进步，追求卓越。我们要使勤奋成为一种习惯，如一日三餐般不可或缺，只有这样，才能成为一个优秀的员工、成为一个前途光明的员工。

成才有两种途径：一是专门的学习，这要花费很多金钱和时间；二是公司为你提供的学习机会，包括在职培训，这是不用付费的"搭便车"，是最好的学习机会。而究竟谁能够得到这种"搭便车"的机遇，关键在于谁更用心，谁更勤奋。

俗话说："师傅领进门，修行在个人。"无论是公司的培训，还是员工自己有意识地汲取知识，都要通过严格的自律和勤奋的努力来实现，与老板无关。

古语说："士别三日，当刮目相看。"一个有前途的员工不会趁老板不在而松懈，相反，他们还会把老板不在当作提高自我的有利契机。

无论你现在是"雄鹰"还是"蜗牛"，要想登上"塔顶"，成就辉煌，都要记住一句话：老板不在，勤奋不减！本着这样的态度，你就可以把工作当成终身的职业，用心去经营，努力去改进，而这种勤奋所带来的结果就是你事业的卓越，你人生的飞扬。

精益求精

我们每一个人的工作中都有这样那样的琐事，而多数人都采取敷衍了事的态度。也正是因为如此，成功的总是那些对待小事仍然"斤斤计较"的人。所以，要想成为一名好员工，细化工作，把每个环节都做到完美是至关重要的。

事无巨细，小事情包含着大道理，小问题包含着大智慧。成功的人往往是比别人更注重细节的人，他们于无声处听惊雷，在细节中见真知，这就是他们与平凡人的最大区别。

我们对于现在的工作，要给予百分之百的关注，这样才能够把工作做到最好。工作中无小事，任何惊天动地的大事，都是由一件又一件的小事情连缀而成的。也就是说，我们要关注工作中的细节，将每一个细节做到最好。这不仅可以让我们脚踏实地地做事，还能够培养工作中精益求精的态度。

每个人都想展示自己的不平凡。实际上，把每天工作中的小事做好，就是展现你不平凡的最好机会。商店的售货员将每一件商品擦得干干净净、公交车司机让自己的车保持清洁、书店的营业员把书架上的书摆得整整齐齐，这样的小事，天天坚持下去，就会变成一种习惯。当你习惯了把自己工作中的每一个细节做得干净、彻底的时候，你就已为自己的前途储存了更多的资本，也就能够更快地到达你理想的殿堂。

人与人之间真正的差别就表现在工作的细节之上。如果一位与你同时进入公司、在同一个岗位上工作的同事比你更受器重，他总是能够拿更多的薪水，得到更快的升职，这时你千万不要心怀怨恨，不要怀疑上司与他的关系，也不要认为他的实力或能力非比寻常。只要留心，你就会发现，他的业绩都是源于对工作细节的更多关注。

老子曾说："天下难事，必作于易；天下大事，必作于细。"20 世纪最伟大的建筑大师密斯·凡·德罗曾用一句话来描述自己成功的原因：

成功藏在细节之中。

工作中的细节看起来毫不引人注意，却恰恰是一个人工作态度的最好证明。那些超常关注现在工作的员工，总能认真对待工作的任何细节，将工作做得细致入微。也正是由于他们的工作态度，才使他们获得了比别人更多的成长和发展的机会。

一位工作中十分注重细节的工程师的座右铭是：我做的事情，不会让任何人操心。有一次，这位工程师被派往一家与公司有合作关系的企业考察一个项目。为了能够将项目的全景拍下来，他不惜徒步走了两公里山路，爬到一座山顶上拍摄。连项目周围的风景都拍得很清楚。其实，他站在公司会议室的楼上完全可以拍到项目的情况。那家合作公司的领导问他为什么要这么做，他说："我回去后要向董事会汇报整个项目的详细情况，周围的风景也是项目的一个重要影响因素，所以要带回去给领导和设计师看。哪怕是工作中的一个小细节也不要错过，否则工作做得再出色也不算完成任务。"一个如此细致缜密，把工作做到完美的人得到提升是理所当然的。

我们每一个人的工作中都有这样那样的琐事，而多数人都采取敷衍了事的态度。也正是因为如此，成功的总是那些对待小事仍然"斤斤计较"的人。所以，要想成为一名好员工，细化工作，把每个环节都做到完美是至关重要的。

我们说把每个环节做到完美是工作的重中之重，这是不无道理的，因为工作中的任何一个环节出现一个小小的纰漏，对全局的影响都将是巨大的。

如果从一个工人手中放走了1％的不合格产品，到了用户手中，就会成为100％的不合格，因此给企业信誉造成的负面影响更是无法估量的。所以，每一位员工在工作中都应该自觉地关注每一个细微之处，将事故的苗头扼杀于萌芽状态。

曾经有一家远洋运输公司的一艘装备先进的海轮，出乎意料地在一个海况极好的地方悄然沉没。这艘海轮的沉没成为当时的一个未解之谜。直到多年以后，一位游客在乘船出海时捞起了一个漂流在海上的瓶子，才解开了这个神秘的谜团。瓶子里装的是那艘海轮沉没当天所有工作人员的工作日志，简单地记录了每个人的活动情况。

后来经技术人员仔细研究那次事故发生过程的细节，勾勒出了以下的情景：船上的一位水手为了方便给妻子写信时照明，在海轮到达码头的时候下船买了一个台灯。船上的二副见台灯的底座很小很轻，便提醒了一句，这种灯容易倒，在船摇晃的时候要注意，但是并没有进行干涉。水手随手把灯放在了房间里，然后到甲板上去看有什么事做。船上的服务生到水手的房间找水手，发现人不在，但看见有一盏非常漂亮的台灯，一时感到好玩就把台灯打开了。他在房间等了水手一会儿，最后没有等到，就离开了。离开的时候，他忘记了关台灯，于是灯就一直亮着。

船要离港了，三副在检查救生筏时发现施放器有问题，但他并没有在意，只是把救生筏绑在了架子上。水手在离港检查时发现水手区的闭门器有问题，没办法关严，就用铁丝把门绑牢了。二管轮在做消防设施检查时，发现水手区的消火栓已经生锈了，但是想着马上就要到码头了，觉得到时候再换也来得及，便没有及时更换。而船长正忙着起航的事，连甲板部和轮机部的安全检查报告都没有来得及看。

船就这样离港了，在船摇晃的时候，水手房间里亮着的灯倒了下来，但是并没有人知道。在水手密封的房间里，灯发出的热量使温度一点点升高。几个小时过去了，船舱里的机匠听到水手房间里的消防探头开始连续报警。两个机匠连忙过去察看，没有看到火苗，便认定是探头报警失误，于是拆下了探头，拿到大管轮那里去换。大管轮当时正在忙别的事，便随口说等会儿再拿给你们。

大副带着水手进行安全巡检时，并没有每一个房间都去看，而是让水手自己进去看看。水手因为有很多事情要忙，所以并没有听从大副的命令仔细检查自己的房间。又一段时间过去了，机电长发现忽然跳闸了，但他并没有在意，也没有去查找原因，而是把闸合上，继续做事。他认为以前也出现过这种情况，并没有什么特别的。

又过了一段时间，三管轮在工作时闻到空气中有一股奇怪的味道，以为是厨房的气味，就打电话给厨师。厨师毫不在意地说没有什么问题，于是，三管轮通知机匠打开了通风阀。水手房间里的温度仍然在一点点升高，而船上的所有人员都觉得已经快要靠岸了，他们正在准备会餐，医生没有巡诊，电工也没有正常值班，所有不在岗位的人都到厨房去帮忙了。

时间一小时一小时地过去，等到船上的人发现火灾时，水手的房间已经烧穿了。这时候，火势已经控制不住了，而且火越烧越大，整条船都被火包围了……

正是由于疏忽了一个小小的细节，让所有细节成为一个连锁反应，最后，终于铸成了船毁人亡的无法挽回的惨剧。

同样，在工作中如果不经意地忽略一些细节，也可能付出惨痛的代价。

现代职场竞争激烈，每一位员工都面临着"优胜劣汰"的残酷竞争，对细节的疏忽就可能导致被淘汰出局。从这个意义上说，注重细节的能力正是一个职业人士在职场中的竞争力。

两个同班同学毕业后同时应聘进入一家中外合资企业，公司的待遇很不错，也有很大的发展空间，他们两个人都很珍惜这份工作。可是老板在招聘他们的时候讲明了，有三个月的试用期，试用之后他们只能留用一个，另一个人将被淘汰。

于是，两个人开始了暗暗较劲，他们都希望自己能是那个留下来的人。两个人的工作都很努力，成绩也是平分秋色。但三个月后，其中一位被留了下来，另一个则被辞退了。被留下来的人有些不明白，为什么他们两个能力相当，自己却能够胜出。他带着疑惑问了老板，才知道老板一直注意着他们，发现他们两人的能力相差无几，但是他看到两个年轻人不在的时候，其中一个人的屋子里总是亮着灯，开着电脑，而另一个人则会注意关上。所以，他最终选择了那个会关上灯的员工。

有时候决定一个人成败的，不是他做了什么惊天动地的大事，而是取决于他有没有把小事做好。小事成就大事，细节铸就完美。细微之处没有用心去处理好，整体就会受到影响。在每个环节上差一点，最终的结果往往是差一截。

社交：成功的基础

爱人者人恒爱之，敬人者人恒敬之。

——《孟子·离娄下》

人是合群动物，不可能独立地生存，要想干一番大事业，更需要大家的齐心协力，一个人纵然有三头六臂，也不能顶天立地。随着社会的发展，人际交往愈来愈密切，相互合作愈来愈频繁，提高交际水平，和谐人际关系，就是在构筑成功的基础。只要将大家的力量集中起来，形成一个合力，用在事业上，肯定会成功。

学会尊重

尊重是人与人相处的一个基本原则，没有尊重人们就无法进行正常的社会活动。尊重人是从小事上体现的，就像你希望在小事上受到别人的尊重一样。

所以，年轻主管必须遵循一条准则：尊重他人的优点，承认他的优势。

尊重是人与人相处的一个基本原则，没有尊重人们就无法进行正常的社会活动。尊重人是从小事上体现的，就像你希望在小事上受到别人的尊重一样。九头鹰酒店里无论来了什么客人，点餐时服务员都会问一句有没有忌口的。在办事时要与人打交道，那么你就应该时时注意自己的言行是否尊重了对方。

在职场上尤其要尊重单位里的"老资格"。

在工作中，与同事搞好关系十分重要，人际关系搞不好，工作就不好开展。有这样一位职员，工作年限不长，但能力很强，深受领导赏识，很快被提升为部门主管。但是下属中有位老职员，仗着自己资格老，以前有功劳，对他不服，让他很难办。遇到这种情况该怎么办呢？

要想改变这种境况，必须首先认清一点：每个人都自我感觉良好，认为自己并不比别人差。对别人不服气是正常心理。所以，年轻主管必须遵循一条准则：尊重他人的优点，承认他的优势，慢慢解开他心里的疙瘩。战国时候的廉颇和蔺相如就曾有这样的矛盾。蔺相如本来是赵国一名宦官的门客，地位低下，因为偶然的机会才为赵王所知，赵王派他带着和氏璧出使秦国，他不辱使命，出色完成了任务。从此以后，他接连被提拔，简直比坐直升机还快。最后官拜上卿，名字排在廉颇之前。

这下廉颇很不服气了，说："我是赵国的将军，有攻城野战、保卫国家的汗马功劳，可是蔺相如仅仅靠耍嘴皮子立了一点功，他的爵位却在我的上面。况且，蔺相如出身低微，他原来不过是太监总管手下的一个舍人。我同一个出身低贱的人担任同样的职务，实在是感到耻辱，而且现在还要我做他的手下，这我简直受不了。"他对外扬言："我如果碰到蔺相如，一定要羞辱他一番。"

蔺相如听到这些话，总是避免和廉颇见面。每次朝会的时候，蔺相如常常假托有病，不愿和廉颇争位次的先后。后来有一次蔺相如外出，远远看见廉颇来了，蔺相如立即把车子掉转方向躲避。

后来蔺相如对自己的门客说："其实我哪是怕廉将军啊，我是为了国家着想啊。现在强秦之所以不敢发兵来攻打我们赵国，只是因为我和廉将军两人还活着。两虎相斗，必有一伤。我之所以忍辱退让，是由于我首先考虑到国家的患难和安危，而把个人之间的恩怨摆在次要地位的缘故。"

这话传到廉颇的耳朵里，廉颇毕竟是个正直的人，感到很惭愧，觉得自己的境界实在太低了，于是真诚地负荆请罪，两人终于和解。

新主管对待倚老卖老的资深同仁，要以敬重、真诚的态度对待，比如在聚会时，趁机表示敬重之意，真诚地赞美他们为公司做出的贡献。在工作中不懂的事要和他商量，不能因为对方职位不高或生性老实而有失敬意，这种人对公司上上下下很清楚，听他讲讲公司的历史，对新主管也是有益的。如此一来，年轻主管不但加深了对公司的了解，而且在老员工及众人心中，也留下了好的印象。

如果职员在晋升之前，和资深下属搞好关系，可免去晋升后的麻烦。例如，表示出你对他的关心，在他需要帮助时，热心支援，并让他欠你的"人情债"。让他觉得你做主管会更有助于他的自身利益。

最重要的一点是：业务上要强于他，让他心中服气，让他明白你的晋升靠实力，而不是靠关系爬上去的。

在职场上，人与人合作，时常会出现问题，有时是你不喜欢上司，这可能是你长期得不到升迁、加薪，或不被信任，工作不得意所引起的。

满招损，谦受益

为人处世切记不能目空一切，目中无人的人本来大多都是才华横溢的，否则他也没有"骄傲"的资本了，但每个人都有各自的优点、长处。

因此，在与人交往的时候任何人都不应该骄傲自大，而应用一颗谦虚的心向他人学习，只有这样才会赢得他人的敬重。

谦虚是人际交往中一项重要的原则，也是一种高尚的品德，但总有一些恃才傲物的人，吃尽苦头才会了解自己是多么无知。大文豪苏东坡就曾是这样的人。

苏东坡在湖州做了三年官，任满回京。想当年，因得罪王安石，落得被贬的结局，这次回来应投门拜见才是。于是，便前往宰相府去。

此时，王安石正在午睡，书童便将苏轼迎入东书房等候。

苏东坡闲坐无事，见砚下有一方素笺，原来是王安石两句未完诗稿，题是咏菊，苏东坡不由笑道：

"想当年我在京为官时，下笔数千言，不假思索。三年后，正是江郎才尽，起了两句头便续不下去了。"

他把这两句念了一遍，不由叫道：

"呀，原来连这两句诗都是不通的。"

诗是这样写的：

"西风昨夜过园林，吹落黄花满地金。"

在苏东坡看来，西风盛行于秋，而菊花在深秋盛开，最能耐久，随你焦干枯烂，却不会落瓣。一念及此，苏东坡按捺不住，依韵添了两句：

"秋花不比春花落，说与诗人仔细吟。"

待写下后，又想如此抢白宰相，只怕又会惹来麻烦，若把诗稿撕了，不成体统，左思右想，都觉不妥，便将诗稿放回原处，告辞回去了。

第二天，皇上降诏，贬苏东坡为黄州团练副使。

苏东坡在黄州任职将近一年，转眼便已深秋，这几日忽然起了大风。风息之后，后园菊花棚下，满地铺金，枝上全无一朵，苏东坡一时目瞪口呆，半晌无语。此时方知黄州菊花果然落瓣！不由对友人道：

"小弟被贬，只以为宰相是公报私仇。谁知是我错了。切记啊，不可轻易讥笑人，正所谓经一失，长一智呀。"

苏东坡心中含愧，便想找个机会向王安石赔罪。想起临出京时，王安石曾托自己取三峡中峡之水用来冲阳羡茶，由于心中一直不服气，早把取水一事抛在脑后。现在便想趁冬至节送贺表到京的机会，带着中峡水给宰相赔罪。

此时已近冬至，苏东坡告了假，带着因病返乡的夫人经四川进发了。在夔州与夫人分手后，苏东坡独自顺江而下，不想因连日鞍马劳顿，竟睡着了，及至醒来，已是下峡，再回程取中峡水又怕误了上京时辰，听当地老人道："三峡相连，并无阻隔。一般样水，难分好歹。"便装了一瓷坛下峡水，带着上京去了。

上京来，先到宰相府拜见宰相。

王安石命门官带苏东坡到东书房。苏东坡想到去年在此改诗，心下愧然。又见柱上所贴诗稿，更是羞惭，倒头便跪下谢罪。

王安石原谅苏东坡以前没见过菊花落瓣。待苏东坡献上瓷坛，书童取水煮了阳羡茶。

王安石问水从何来，苏东坡道：

"中峡。"

王安石笑道：

"又来欺瞒我了，此明明是下峡之水，怎么冒充中峡？"

苏东坡大惊，急忙辩解道："误听当地人言，三峡相连，一般江水，但不知宰相何以能辨别。"

王安石语重心长地说道：

"读书人不可轻举妄动。定要细心察理，我若不是到过黄州，亲见菊花落瓣，怎敢在诗中乱道？三峡水性之说，出于《水经补注》，上峡水太急，下峡水太缓，唯中峡缓急相伴，如果用来冲阳羡茶，则上峡味浓，下峡味淡，中峡浓淡之间，今见茶色半晌方现，故知是下峡。"

苏东坡敬服。

王安石又把书橱尽数打开，对苏东坡言道：

"你只管从这二十四橱中取书一册，念上文一句，我若答不上下句，就算我是无学之辈。"

苏东坡专拣那些积灰较多，显然久不观看的书来考王安石，谁知王安石竟对答如流。

苏东坡不禁折服：

"老太师学问渊深，非我晚辈浅学可及！"

苏东坡乃一代文豪，诗词歌赋，都有佳作传世，只因恃才傲物，口出妄言，竟三次被王安石所屈，从此再也不敢轻易讥笑他人了。

富兰克林也曾和苏东坡一样，由于自己的才华出众，常常看不起身边的其他少年。后来，他去拜访一位品行良好的老人时，由于高昂的头撞在了门框上，随之恍然大悟——做人应该谦虚才对。

柳公权，中国唐代著名的书法家，"柳体"的创立者。他创立的柳体和临写的《玄秘塔碑》直至今天仍然是人们学习、临摹的权威性字帖。

柳公权自幼聪明好学，特别喜欢写字，到了十四五岁便能写出一手好字，经常受到老师的表扬。日子久了，他心里美滋滋的，不知不觉就骄傲起来，以为天下"唯我独尊"了。

有一天他和几个伙伴玩耍，玩什么好呢？这个说捉迷藏，那个说摔跤，柳公权说：

"不行，不行，咱们还是比比谁的字写得好吧！"

于是大家只好同意。便在大树下摆了一张方桌，比了起来。

柳公权很快写了一篇，心想：我肯定是第一了，谁能比得过？心里这样想着，脸上也显露出洋洋得意的神情。这时，从东面走过来一位卖豆腐的老汉，这老汉早看出了柳公权的傲气，决定给他泼点儿冷水。他说：

"让我看看。"

他挨着个看了一遍说：

"你们的字都不怎么样。"

这对柳公权来说，真如晴天打了个响雷，他长这么大还从未有人说过他的字不好呢，他便追问：

"我的字到底怎么样？"

"也不好。你的字就像我担子里的豆腐，软绵绵的，没筋没骨的。"老汉说。

柳公权一听老汉的评价，马上不服气地说：

"我的字不好，那么请你写几个让我瞧瞧！"

老汉笑道：

"我一个卖豆腐的，你跟我比有什么出息。城里有一个用脚写字的人。比你用手写的强几倍呢，如果不服气，你去瞧瞧吧。"

第二天，柳公权带着满肚委屈和狐疑进城了。到了城里一打听就找到了。就在前面不远的一棵大树上，挂着一块白布，上面有三个大字：字画铺。树底下，许多人正围在一起低头瞧着地下。柳公权急忙跑过去一看：确是一位老人已失去双臂，正坐在地上用脚写字呢，只见地上铺着纸，他用左脚压着一边，用右脚的大拇指和二指夹住毛笔，运转脚腕，一排遒劲的大字便出现在人们的眼前。众人一阵喝彩："好，好！"

柳公权都看呆了，真是不看不知道，山外有山，天外有天啊！自己有完整的手臂，还赶不上人家用脚写的，更有甚者，还骄傲自满，自以为天下第一了，惭愧，惭愧。

想到这里，柳公权来到无臂老人面前，双膝跪地，说道：

"先生，请受徒儿一拜，请您教我写字吧。"

无臂老人推辞道：

"我一个残废人，能教你什么，只是混口饭吃罢了。"

柳公权说：

"请您不要推辞了，您不收下我，我就不起来！"

这老者见他情辞恳切，心里一动，说道：

"你要实在想学，那么你就照着这首诗练下去吧。"

说罢，老人又用脚铺开一张纸，挥毫写下一首诗：

写尽八缸水，墨染涝池黑。

博取众家长，始得龙凤飞。

这首诗，是无臂老人一生练字的真实写照。那意思是说练字的辛苦，练字的工夫，用尽了八缸水，染黑了涝池水，博取众家之长，虚心学习，才有今天这苍劲有力的龙飞凤舞。

柳公权是个聪明人，早已领略了这诗中的寓意，他不但懂得了写字必须勤写勤练，虚心学习，更懂得了做人不能恃才傲物，否则将一事无成。

他怀着不可名状的感激之情，接过了老人的诗，急切又羞愧地回到了家。打这以后，他从不在人前炫耀自己，每日里挥毫泼墨，练笔不止，悉心研究揣摩名人字帖，最后终于练成流传千古的"柳体"。

为人处世切记不能目空一切，目中无人的人本来大多都是才华横溢的，否则他也没有"骄傲"的资本了，但每个人都有各自的优点、长处。一切正如韩愈的《师说》中所言："闻道有先后，术业有专攻，如是而已。"因此，在与人交往的时候任何人都不应该骄傲自大，而应用一颗谦虚的心向他人学习，只有这样才会赢得他人的敬重。

做自己的推销员

成功地推销自己，就会使自己离成功更近一步，使自己真正地与机遇相遇。

推销自己，对于交际场合来讲，也非常重要，在勇敢地推销自己的同时，也向人们展示你的人格魅力和外交家的风采。

经济社会除了军火、毒品等违禁物品不能卖，其他的东西都可以卖，卖房、卖地、卖知识、卖专利、卖葱、卖菜、卖水、卖瓜子，包括卖我们自己。当然，这里不包含灵魂。可能，这样说有些不雅，但你可以想想，是不是这个理。

好吧，我们换一种大家容易接受的说法，还叫推销自己吧。

你的知识，你的优势，你的脾气禀性，你的特长，别人并不一定一清二楚。现在的社会也不是过去的社会，分配你去哪你就得在哪扎根一辈子。你可以选择别人，别人也可以选择你，为了别人更好地了解你、熟知你，也为了更好地发挥你的潜能和优势，你要学会推销自己。

历史上推销自己成了名人的，当属毛遂了。《史记·平原君列传》中详细地给我们讲述了这个故事。

公元前 251 年，强大的秦国包围了赵国的都城邯郸。赵王急令相国平原君出使楚国，请求楚考烈王与赵国联合起来抗击不可一世的秦国。

平原君准备从自己的门客中挑选 20 名有智有勇的人，一同前往。但挑来选去，只挑了 19 人，就再也找不到合适的了。

正在平原君着急的时候，进来一位叫毛遂的门客，他对平原君请求道：

"听说您要带 20 人前往楚国，现在尚缺一人，请您让我和您一同前往吧。"

平原君并不熟悉毛遂，他和许多的门客一样默默无闻。便问道："先生到我这里有几年了？"

"已有 3 年了。"毛遂答。

"一个有本事的人在世上，就好比一把锋利的锥子，一装入口袋，它的尖就会马上刺出来。"平原君看了看他，然后婉转地回绝道："你已来我这儿 3 年了，我却从未听到别人夸过你，也未见你有任何特长，所以你去不合适，还是留下来吧。”

“我之所以默默无闻，是没有人将我当成锥子放进口袋，如果早放进去，也许我就早露锋芒了。今天就请您将我当锥子放进口袋吧。”毛遂恳求道。

平原君见他的口才不错，于是就同意他随同前往。途中通过交谈，越发觉得他是一个很有才气的人，便渐渐地喜欢上了他。

到了楚国，任凭平原君磨破了嘴皮子，楚王也不愿联合抗秦。毛遂便代表19位随从去说服楚王。

楚王听说毛遂只不过是平原君门下的一名门客，便勃然大怒，要他快滚下台去。

毛遂手按宝剑快步走近楚王，双目睁圆，大声说道：“大王之所以敢怒斥我，是仗着你人多势众。但如今大王与我相距不过10步，我在挥手之间就可以要了你的性命，纵使你的兵将再多，也救不了你的性命！”

楚王被毛遂勇敢的举动吓呆了。毛遂镇住楚王后，又向楚王详细地分析了秦国、赵国和楚国的形势，列举了赵、楚联合的好处，以及不联合的坏处。

毛遂的一席话，终于说服了楚王。楚王和平原君歃血为盟，联合抗秦。

这便是沿用至今的成语“毛遂自荐”的由来。假如毛遂不推销自己，也许会一辈子默默无闻，更不能向世人亮出自己有勇有谋的神采来。现在这类故事也很多，仅举一例。

有一个刚毕业的大学生，在一张报纸上见某单位招聘一位业务经理，便决定前去试试。

当他来到报上介绍的一间写字楼时，负责招聘的人告诉他，人已经招好了，请他回去。

他说：“那我能不能见一见你的老总呢？”

“老总不在，他很忙。请回吧。”说完人家就要关门。

他笑着对招聘人说：“既然老总不在，请你让我进去，和你们几位认识认识，也好交个朋友。”

招聘人员无奈，让他进了门，然后便各干各的，不再理他。

他给每个人让烟、倒水，热情得像个主人。他逐一问清了人家的姓名，便告诉他们自己是个刚毕业的大学生。学的是市场营销专业，又参加过半年实习，既有专业知识，又有实际经验。

然而，所有的人都对他的话显得心不在焉，一脸的冷漠。

他不管不顾，等他把要讲的讲完了，又很有礼貌地留下了自己的联系电话，然后友好地和每个人说再见。

正当他要出门时，几个招聘的人都哈哈大笑了起来。

他有些莫名其妙。其中一人站起来拉住他："年轻人，你被录用了。因为你在推销自己的同时，也经过了我们的特殊考试！"

成功地推销自己，就会使自己离成功更近一步，使自己真正地与机遇相遇。

推销自己，对于交际场合来讲，也非常重要，在勇敢地推销自己的同时，也向人们展示你的人格魅力和外交家的风采。

推销自己，也是对自身素质的一次检验。

微笑是成功最好的催化剂

一个人亲切、温和、洋溢着笑意，远比他穿着一套高档、华丽的衣服更引人注意，也更容易受人欢迎。因为微笑是一种宽容、一种接纳，它缩短了彼此的距离，使人与人之间心心相通。

安东尼有一段不寻常的经历。他是优秀的飞行员。曾参加西班牙内战打击法西斯，不幸被俘虏入狱。在狱中，安东尼翻遍口袋找出一根香烟，但是没有火柴。看守看起来像个凶神恶煞。安东尼鼓足勇气向他借火。看守打量他一眼，冷漠地把火柴递给他。

"当他帮我点火时，眼光无意中与我的眼睛接触了，这时我下意识地冲着他微笑。我不知道自己为何有这般反应，在这一刹那，这抹微笑如鲜花般打破了我们心灵之间的隔阂。受到了我的感染，他的嘴角也不自觉地出现了笑容，我知道他原无此意。他点完火后并没有立刻离开，两眼盯着我瞧，脸上仍然带着微笑，我也以微笑回应，仿佛他是个朋友，他看我的眼神也少了当初的凶气。'你有小孩吗？'他开口问道。'有，你看。'我拿出皮夹，手忙脚乱地翻出了全家福照片。他也掏出照片，并且开始讲述他对家人的期望与计划。此时我的眼中充满泪水，我说我害怕再也见不到家人，我怕没有机会看到孩子长大……他听了以后流下了两行眼泪。突然，他打开牢门，悄悄带我从后面的小路逃离监狱。他示意我尽快离去，之后便转身走了，不曾留下一句话。"

可见，在恰当时候，恰当的场合，一个简单的微笑可以创造奇迹，一个简单的微笑可以使陷入僵局的事情豁然开朗。

现实的工作、生活中，一个人对你满面冰霜、横眉冷对；另一个人对你面带笑容、温暖如春，他们同时向你请教一个工作上的问题。你更欢迎哪一个？显然是后者，你会毫不犹豫地对他知无不言，言无不尽，而对前者，恐怕就恰恰相反了。

一个人亲切、温和、洋溢着笑意，远比他穿着一套高档、华丽的衣服更引人注意，也更容易受人欢迎。因为微笑是一种宽容、一种接纳，它缩短了彼此的距离，使人与人之间心心相通。喜欢微笑着面对他人的人，往往更容易走入对方的天地。难怪学者们强调："微笑是成功者的先锋。"

的确，如果说行动比语言更具有力量，那么微笑就是无声的行动，它所表示的是："我很满意你，你使我快乐，我很高兴见到你。"笑容是结束说话的最佳"句号"，这话真是不假。

有微笑面孔的人，就会有希望。因为一个人的笑容就是他传递好意的信使，他的笑容可以照亮所有看到它的人。没有人喜欢帮助那些整天皱着眉头、愁容满面的人，更不会信任他们。很多人在社会上站住脚就是从微笑开始的，还有很多人在社会上获得了极好的人缘也是从微笑开始的，很多人在事业上畅行无阻也是通过微笑获得的。微笑是十分奇妙的，它能在生活中荡开一层层水圈，把生活的湖泊变成一种源自于生命深处的美感。

任何一个人都希望自己能给别人留下好感，这种好感可以创造出一种奇妙和谐的人际关系。

美国的联合航空公司有一个世界纪录，那就是在 1977 年载运了数量最多的旅客。总人数是 5，566，782。

联合航空公司宣称，他们的天空是一个友善的天空、微笑的天空。的确如此，他们的微笑不仅仅在天上，而且从地面便已开始了：

有一位叫珍妮的小姐去参加联合航空公司招聘，当然她没有关系，也没有先去打点，完全是凭着自己的本领去争取。最后她被聘取了，你知道原因是什么吗？那就是因为珍妮小姐脸上总带着微笑。

令珍妮惊讶的是，面试的时候，主试者在讲话时总是故意把身体转过去背着她，你不要误认为这位主试者不懂礼貌，而是他在体会珍妮的微笑，因为珍妮应聘的职位是通过电话工作的，是有关预约、取消、更换或确定飞机航行班次的事情。

那位主试者笑着对珍妮说："小姐，你被录取了，你最大的资本是你脸上的微笑，你要在将来的工作中充分运用它，让每一位顾客都能从电话中体会出你的微笑。"

虽然可能没有太多的人会看见她的微笑，但他们通过电话可以知道珍妮的微笑一直伴随着他们。

钢铁大王安德鲁·卡耐基的高级助理查尔斯·史考伯说过，他的微笑价值 100 万美金。虽然这是史考伯先生的一个玩笑，但他那时刻挂在脸上的微笑无疑是他成功的一个重要原因。

某次，底特律的哥堡大厅举行了一次巨大的汽艇展览会，人们蜂拥而至，在展览会上人们可以选购各种船只，从小帆船到豪华的游艇都可以买到。

在汽艇展览会期间，一家汽艇厂有一宗巨大的生意跑掉了，而第二家汽艇厂却用微笑把顾客挽留了下来。

事情是这样的：一位来自中东某一产油国的富翁，他站在一艘展览的大船旁对站在他面前的推销员说："我想买艘汽船。"这对推销员来说，是求之不得的好事。那位推销员很周到地接待了富翁，只是他脸上冷冰冰的，没有笑容。

这位富翁看着这位推销员那没有笑容的脸，然后走开了。

他继续参观，到了下一艘陈列的船前，这次他受到了一个年轻推销员的热情接待。这位推销员脸上挂满了欢迎的笑容，那微笑像太阳一样灿烂，使这位富翁有宾至如归的感觉，所以，他又一次说："我想买艘汽船。"

"没问题！"这位推销员脸上带着微笑说，"我会为你介绍我们的产品。"他只这样简单地附和说。

这位富翁果然交了定金，并且对这位推销员说："我喜欢人们表现出一种他们非常喜欢我的样子，现在你已经用微笑向我们表现出来了。这次展览会上，你是唯一让我感到我是受欢迎的人。"

第二天这位富翁带着一张保付支票回来，购下了一艘价值 2000 万美元的汽船。

微笑的确是可以带来财富的，我们都有这样的体验：去一家商店购物时，同样的产品我们都会选择面带笑容的店主。

微笑甚至是可以传递的，难道你忘了早晨向你道早安的小区保安？他真诚的笑容感染了你，你开心地又用同样温暖的笑容回馈给他，有时还会带给你的同事或家人。

真诚的微笑如春风化雨，润人心扉。微笑的人给人的印象是热情、富于同情心和善解人意。

如果你在出门前对着镜子笑一下，就会获得好心情和动力。对于微笑的理解是：没有人富，富到对它不需要；没有人穷，穷到给不出一个微笑。

对同事的笑是喜悦。

对父母的笑是孝顺。

对子女的笑是包容。

对朋友的笑是回报。

对客户的笑是尊重。

避免以下类型的职业的笑：

居高临下的笑。

目不视人的笑。

徒有其表的笑。

不合时宜的笑。

于事无补的笑。

虚伪欺骗的笑。

维护别人的自尊

尊严是每个生命个体都必需的价值体现，人是与其他生物不同的高级动物，因而有受人尊重的需要。

每一个生活在这个世界上的人都有尊严，这是他们生活下去的精神支柱，即使是乞丐也不例外。

举世闻名的斯坦福大学是全世界莘莘学子的梦想，不过也许许多人并不了解它的诞生居然和一起伤害自尊的事件有关。

在斯坦福大学诞生之前，哈佛的校长为一次伤害他人自尊的事，付出了很大的代价。

一对老夫妇，女的穿着一套褪色的条纹棉布衣服，而她的丈夫则穿着便宜的西装，也没有事先约好，就直接去拜访哈佛的校长。

校长的秘书在片刻间就断定这两个乡下人不可能与哈佛有业务来往。

老先生轻声地说："我们要见校长。"

秘书很礼貌地说："他整天都很忙！"

女士回答说："没关系，我们可以等。"

过了几个钟头，秘书一直不理他们，希望他们知难而退，自己走开。他们却一直等在那里。

秘书终于决定告知校长："也许他们跟您讲几句话就会走开。"

校长不耐烦地同意了。

校长很有尊严而且心不甘情不愿地面对这对夫妇。

女士告诉他："我们有一个儿子曾经在哈佛读过一年书，他很喜欢哈佛，他在哈佛的生活很快乐。但是去年，他出了意外而死亡。我丈夫和我想在校园里为他留一纪念物。"

校长并没有感动，反而觉得很可笑，粗声地说："夫人，我们不能为每一位曾读过哈佛而后死亡的人竖立雕像的。如果我们这样做，我们的校园看起来像墓园一样。"

女士说："不是。我们不是要竖立一座雕像，我们想要捐一栋大楼给哈佛。"

校长仔细地看了一下他们的条纹棉布衣服及粗布便宜西装，然后吐一口气说："你们知不知道建一栋大楼要花多少钱？我们学校的建筑物都超过 750 万美元。"

这时，女士沉默了。校长很高兴，总算可以把他们打发了。

这位女士转向她丈夫说："只要 750 万就可以建一座大楼，我们为什么不建一所大学来纪念我们的儿子？"

就这样，斯坦福夫妇离开了哈佛，到了加州，创立了斯坦福大学，以此来纪念他们的儿子。

这就是著名的斯坦福大学的来历。尊严是每个生命个体都必需的价值体现，人是与其他生物不同的高级动物，因而有受人尊重的需要。

著名的"马斯洛需求层次理论"也将尊严列入人的五项基本需求当中。

每一个生活在这个世界上的人都有尊严，这是他们生活下去的精神支柱，即使是乞丐也不例外。

吉姆曾经在流浪汉聚集的地下通道里遇到一个乞丐。那是一个二十来岁的年轻人。他衣衫破旧，抱着一把褪了色的旧吉他，唱着悲伤的歌曲。这样的情景，在这个城市每一天都可以见到。

"可以自食其力的人，却在这里乞求别人的施舍，他们为什么不觉得脸红？"想到这里，吉姆加快了脚步，向前走去。吉姆可不想为这样的人付出什么。忧伤的歌曲依然在吉姆的耳边萦绕，但是吉姆没有心情停住。

"先生，请等一等。"当吉姆走上台阶的时候，一个声音叫住了吉姆，吉姆知道是那个乞讨的人。

"别人不给钱就算了，还要追上来要钱！这样的人我是绝对不会给他钱的。"想到这里吉姆生气地对他说："对不起，我没有钱给你，我现在很忙，请不要打搅我。"

"您误会了，我想问这是您的东西吗？"当吉姆看到他手里的钱包的时候，这才发现，那正是自己的钱包，里面有整整一万美金，这些钱要是丢了，吉姆的工作就完了。

刹那间，吉姆感到了羞愧，是自己误会了这个乞丐。他并不是向吉姆讨要什么，而是归还吉姆丢失的钱包。

吉姆非常激动地接过了钱包，为了表示谢意，他从钱包里拿了一张10美元的纸币，然后对乞丐说："为了表示感谢，请接受我的一份心意！"

"先生，我是需要钱，但是我有自己的原则。"那个年轻的乞丐说道，"希望您今天有一个好心情，下次可要注意了。再见，先生。"说完，又回到了原先的地方，继续弹那把旧吉他。

原本觉得并不怎么样的吉他声突然变得如此的人性化，吉姆站在那里，感觉四周静悄悄的，只有悦耳的吉他声在耳边萦绕。

这就是乞丐的尊严。

传奇性的法国飞行员兼作家圣苏荷依写过："我没有权利去贬抑任何一个人的自尊。伤害人的自尊不啻为一种罪过。"

一位英明的领导者会遵行这个重要的规则。已故的德怀特·摩洛拥有调解激烈争执的非凡能力，他怎么做的呢？很简单，他只是小心翼翼地找出对方正确的地方，并对此加以赞扬，并积极地强调。他有一个很坚定的调解原则，那就是他从不指出任何人做错了事情。

会计师马歇·凯伦杰说："辞退别人有时也会烦恼，被人解雇更是令人伤神。我们的业务季节性很强，所以，旺季过后，我们得解雇许多人。我们这一行有句笑话：没有人喜欢挥动大刀。因此，大家都担心避之不及，只希望日子赶快过去就好。例行谈话通常是这样的：'请坐，汤姆先生。旺季已经过去了，我们已经没什么工作可以交给你做了。当然，你也清

【头脑的风暴——成功之道】

楚我们……’”

　　“除非不得已，我绝不轻易解雇他人，而且会尽量婉转地告诉他：‘汤姆先生，你一直做得很好（假如他真是不错）。上次我们要你去迪瓦克，那工作虽然很麻烦，而你处理得滴水不漏。我们很想告诉你，公司以你为荣，十分信任你，愿意永远支持你，希望你不要忘记这里的一切。’如此，被辞退的人感觉好过多了，至少不觉得被遗弃，他们知道，如果我们有工作的话，一定会继续留住他们的。要是等我们再需要他们的时候，他们也很乐意再投奔我们。”

　　没有一个人会甘心受到他人的羞辱，即使一个失败者也不愿意。我们没有人有资格去污辱别人的自尊，别人也不会接受，最终受到惩罚的将是羞辱者本人。

　　1922年，土耳其在经过长期的殖民统治之后，终于决定把希腊人逐出土耳其。

　　凯墨尔对他的士兵发表了一篇拿破仑式的演说，他说：“你们的目的地是地中海。”于是近代史上最惨烈的一场战争展开了。最后土耳其获胜，而当希腊将领前往凯墨尔总部投降时，几乎所有土耳其人都对他们击败的敌人加以羞辱。

　　但凯墨尔丝毫没有显出胜利的傲气。“请坐，先生，”他说着并握住他们的手，“你们一定走累了。”然后，在讨论了投降的细节之后，他安慰他们失败的痛苦，他以军人对军人的口气说：“战争这种东西，最好的人有时也会打败仗。”

　　凯墨尔即使是沉浸在胜利的极度兴奋中，仍能做到照顾手下败将的面子。这是多么可贵的一种行动！

　　一个让人尊敬的妙招：维护他人的自尊心。

以德报怨　感化他人

　　原谅他人的错误，会使对方获得心灵的解脱，自己也会因此而解脱心的枷锁。相反，如果死死盯住他人从前的过错，那么双方都将陷在痛苦的回忆中。

电视剧中总爱出现一句"冤冤相报何时了"的台词，确实如此，过多的仇恨只会导致杀戮等悲剧的发生。

原谅他人的错误，会使对方获得心灵的解脱，自己也会因此而解脱心的枷锁。相反，如果死死盯住他人从前的过错，那么双方都将陷在痛苦的回忆中。

雨果曾说过：世界上最广阔的是海洋，比海洋更广阔的是天空，比天空更为广阔的是人的胸怀。

有两个男孩子，从小学到高中不仅在一个学校里，而且在同一个班里。两人情同手足，终日相处形影不离，他俩都是独生子，很得家长的喜爱。

一个星期天的清晨，他俩相约到海边游泳。夏日的海滨，细细的白沙柔软而蓬松，蓝蓝的海水不断地轻轻亲吻着他们的脚背，吸引他们恨不得一下子投向大海的怀抱中，这对年轻好胜的小伙子互相比赛着向深处游去。突然，风云骤变，阳光隐没在厚厚的云层里，那蓝蓝的海水顿时变得混沌黯黑。不一会儿，暴风雨便如同瀑布似的铺天盖地倾泻下来，狂怒的海水发出呼呼巨响。这两个小伙子在滔天的白浪中与危险苦苦地搏斗着，他们刚刚游在一起，就被一层巨浪分开了。他们高声喊叫着，竭力保持联系，同时，拼命往岸上游去。风越来越大，浪越来越高，海浪时而像无数隆起的小山，把他们抛向高空，时而又如凹下去的峡谷，使他们掉进无底的深渊。一个小伙子高声叫着同伴的名字，却怎么也不见回音。他心急如焚，拼命向同伴那里游去。人不见了！他不顾一切地喊叫着，寻找着，直到凶猛的巨浪把他打昏。

当他醒来时，发现自己躺在医院的病床上，他得到的第一个消息就是好友不幸溺水身亡。后来，他伤愈出院了，但他心中的忧患却日渐加剧。是他主动找好友去游泳的，是他没把好友抢救出来。他失魂落魄地终日在海边徘徊，向着一望无垠的大海轻轻呼唤着好友的名字，但是只有阵阵涛声作答。

他来到好友家里，请求伯母的宽恕。那失去独子的母亲悲痛欲绝，终日以泪洗面，无暇顾及他。他每次都怀着一颗负疚的心情悻悻而去。

这种痛苦的心绪一直伴随着他离开校门，走上社会；为亡友而产生的伤感也注满了他的心房，甚至在蜜月中也不时地影响到新婚的热烈气氛，这使新娘惊诧不解、思绪万千。她看到丈夫总爱在海边定睛伫立、神不守舍，便生气道："你总来海边，那你就去跟大海一起过日子吧！"一气之下，便离家而去。妻子的离去，使他陷进了更大的苦恼之中。

一天，有人轻轻地敲他的房门。一位妇人进来，轻吻了他的额头，亲切地说："孩子，还认得我吗？"他抬头一看，来的正是他亡友的母亲。"伯母，想不到是您来了！"他惊喜地扑上去，妇人亲切地抚摸着他的头发说："我的孩子，过去的事情就让它过去吧！我曾经对你也不够冷静，请你多多原谅！"说着，两行晶莹的泪水无声地流淌在她那苍白的面颊上。"伯母！我的好妈妈！"他再也忍不住了，痛悔和欢喜的泪水尽情地涌出。然而，这已不再是难过的泪水，而是互相谅解的热泪。她冷静了一下，说："我今天来，是想对你说，我从你身上看到我的孩子还活着。你为他倾注了自己的哀思，我从你的情感中感受到人性的欢乐。让我们互相谅解吧，让我们如同一家人那样互相体恤吧。我从你妻子那里了解了你的感情，我觉得你是可敬的。但是，我与你、她与你之间还缺乏谅解的精神；现在，我把她找来了，愿你们永远相互体谅，互敬互爱，白头偕老吧！"

从此，他心头的忧虑消除了，小夫妻俩和好如初，相亲相爱，他们还把亡友之母接来同住。

路易斯·密得说："也许在很久以前，有人伤害了你，而你却忘不了那件不愉快的往事，到现在还痛苦不堪，那就表示你还继续在接受那个伤害。其实你是很无辜的，你要了解到，你并不是世界上唯一有这种经验的人。赶快忘掉这不愉快的记忆，只有宽恕才能释放你自己，让你松一口气。"

曾经有三位前美军士兵站在华盛顿的越战纪念碑前，其中一个问道："你已经宽恕了那些抓你做俘虏的人吗？"第二个士兵回答："我永远不会宽恕他们。"第三个士兵评论说："这样，你仍然是一个囚徒！"

对他人的过错耿耿于怀，意图报复的人，最后伤害的只会是自己。

一位画家在集市上卖画，不远处，前呼后拥地走来一位大臣的孩子，这位大臣在年轻时曾经把画家的父亲欺诈得心碎而死去。这孩子在画家的作品前流连忘返，并且选中了一幅，画家却匆匆地用一块布把它遮盖住，并声称这幅画不卖。

从此以后，这孩子因为心病而变得憔悴，最后，他父亲出面了，表示愿意付出一笔高价。可是，画家宁愿把这幅画挂在自己画室的墙上，也不愿意出售。他阴沉着脸坐在画前，自言自语地说："这就是我的报复。"

每天早晨，画家都要画一幅他信奉的神像，这是他表示信仰的唯一方式。

可是现在，他觉得这些神像与他以前画的神像日渐相异。

这使他苦恼不已，他不停地找原因。然而有一天，他惊恐地丢下手中的画，跳了起来：他刚画好的神像的眼睛，竟然是那大臣的眼睛，而嘴唇也是那么的酷似。

他把画撕碎，并且高喊："我的报复已经回报到我的头上来了！"

这个故事告诉我们，一个人若心存报复，自己所受的伤害会比对方更大。报复会把一个好端端的人驱向疯狂的边缘，报复还能把无罪推向无尽的深渊，而以德报怨将会感化他人从善。

战国时，梁国与楚国交界，两国在边境上各设界亭，亭卒们也都在各自的地界里种了西瓜。梁国的亭卒勤劳、锄草浇水，瓜秧长势喜人；而楚亭的人则疏于管理，结果瓜秧又瘦又弱，与对面瓜田的长势简直不能相比。楚国的人觉得失了面子，有一天乘着月色，偷跑进去把梁亭的瓜秧全给扯断了。梁国人第二天发现后，气愤难平，报告给边县的县令宋就，说我们也过去把他们的瓜秧扯断好了！

宋就对他们说："这样做当然是很卑鄙的。我们明明不愿他们扯断我们的瓜秧，那么为什么反过来再扯断人家的瓜秧？别人不对，我们再跟着学，那就太狭隘了。你们听我的话，从今天起每天晚上去给他们的瓜秧浇水，让他们的瓜秧长得好，而且，你们这样做，一定不可以让他们知道。"梁国的人听了宋就的话觉得有道理，于是就照办了。楚国的人发现自己的瓜秧长势一天比一天好，仔细观察，发现每天早上地都被人浇过了。而且是梁国的人黑夜里悄悄为他们浇的。

楚国边县县令听到亭卒的报告后，感到十分惭愧又十分敬佩，于是把这件事报告了楚王。楚王听说后，也感于梁国人修睦边邻的诚心，特备重礼送梁王，表示自责，以此酬谢。从此，两个敌国变成友好邻邦。

拿破仑在进军意大利后的一次战斗中夜间巡查岗哨，发现哨兵睡着了。拿破仑会怎么做？他在那里站了半小时，哨兵突然醒了，叩头请求饶命。拿破仑说："艰苦作战，可以谅解。但是一时的疏忽会断送全军。下次要注意了。"

伟人在对待别人的过失时，总以宽大为怀。人无完人，马会失前蹄，真诚的理解和慰藉是起死回生的良药。

对待他人的错误与伤害能够做到以德报怨，是心胸宽广的体现。宽恕他人错误的同时，也就等于让自己的心灵解脱。

一诺千金

人际交往中最忌讳开"空头支票"。一个言而无信的人不会得到人们的信赖。人们一旦对你失去信任感，便不会放心地将重任放在你身上，许多工作的开展也会因此而受阻。

杰弗逊有个好朋友，他们从小时候就认识了，也一直来往密切。他时常为杰弗逊推荐书籍，或者尽力为杰弗逊做事，被呼来唤去的，从无怨言。杰弗逊在他面前很随便，他则说杰弗逊穿成人衣服，却是个小孩。

那一年他搬家了，新年时他邀杰弗逊到他家做客，杰弗逊答应了。但是新年那天轮到杰弗逊在学校值班，上午杰弗逊打电话给他，他知道杰弗逊值班的事后，问杰弗逊还能不能去，杰弗逊回答说下午过去。

下午，一个同事到学校时看见杰弗逊要走，就说："我们打会儿网球再走吧！"杰弗逊有事，他说只玩一会儿。经不住他说，杰弗逊技痒，就玩了起来。光顾玩把时间忘了。杰弗逊从学校出来时，天快黑了，他只好回家了。

后来，杰弗逊一直想找机会向朋友解释，但是不知怎么搞的，拖了很长时间，时间长了就懒得再提这件事了。觉得反正不是外人，何必计较礼节呢。后来，就慢慢地忘了。

后来，杰弗逊有事求于朋友时再次想起了他，他在电话里对杰弗逊很冷淡。杰弗逊问原因，他说："问你自己吧。"

杰弗逊试着重提新年的事情，他说："像那样轻慢别人的话，你还能有救吗？"他气呼呼地说那天他和妻子推掉了所有的事情，仅仅为了杰弗逊的到来，就从早到晚地竖着耳朵听每一阵上楼的声音，但杰弗逊到底没去，而且之后连一个电话都没打。

他说得杰弗逊脸上不住发热，杰弗逊解释说，他从来没有把他当外人，他以为他们的距离很近，就把这件事很随便地处理了。那个朋友说杰弗逊是一个没有信用的人。为了让杰弗逊知道诺言这个很平常的词，他决定不再理杰弗逊。

因为失去朋友，杰弗逊才知道诺言的重要性。

不要开"空头支票"。"空头支票"不仅仅给他人增添无谓的麻烦，而且损害自己的名誉。华盛顿曾说："一定要信守诺言，不要去做力所不及的事情。"这位先贤告诫他人，因承担一些力所不及的工作或为哗众取宠而轻诺别人，结果却不能如约履行，是很容易失去他人信赖的。

因为当对方没有得到你的承诺时，他不会心存希望，更不会毫无价值地焦急等待，自然也不会有失望的经历。相反，你若承诺，无疑在他心里播种下希望，此时，他可能拒绝外界的其他诱惑，一心指望你的承诺能得以兑现，结果你很可能毁灭他已经制定的美好计划或者使他失去寻求其他外援的时机。

如此一来，别人因你不能信守诺言而不相信你了，也不愿再与你共事，那么，你只能去孤军奋战。有些人在生活或工作上经常不负责，许下各种承诺，而不能兑现承诺，结果给别人留下恶劣印象。如果承诺某件事，就必须办到，如果你办不到，或不愿去办，就不要答应别人。

成功的人会注意承诺这个细节。他不会轻易去承诺某一件事，即使有把握，也不会轻易承诺。

早年，尼泊尔的喜马拉雅山南麓很少有外国人涉足。后来，许多日本人到这里观光旅游，据说这是源于一位少年的诚信。

一天，几位日本摄影师请当地一位少年代买啤酒，这位少年为之跑了3个多小时。第二天，那个少年又自告奋勇地再替他们买啤酒。这次摄影师们给了他很多钱，但直到第三天下午那个少年还没回来。于是，摄影师们议论纷纷，都认为那个少年把钱骗走了。

第三天夜里，那个少年却敲开了摄影师的门。原来，他只购得4瓶啤酒，而后他又翻了一座山，趟过一条河才购得另外6瓶，返回时摔坏了3瓶。他哭着拿着碎玻璃片，向摄影师交回零钱，在场的人无不动容。

这个故事使许多外国人深受感动。后来，到这儿的游客就越来越多……

诚信是做人的根本原则，也是一个人品行的反映，遵守诺言的人处处受到人们的敬重。我国古代俞伯牙和钟子期被奉为"知己"，关于他们的故事更是信守承诺的典范。

春秋时期，楚国的一个小村庄中的一个樵夫的家里，年轻的钟子期垂危，年迈的父母守着病榻。

"儿再不能对父母尽孝心了。儿死后，只请父母将儿埋在马鞍山那边的江边。"钟子期握着父亲的手说。

"儿啊，为什么一定是那里，那儿离家有20多里呀！"母亲流着泪问。

"为了守信、守约。"钟子期微弱的声音说，"父母知道，去年中秋，儿在那里遇到伯牙兄，临别时约定，今年中秋，伯牙兄要来我家，我说，到时候我去江边接他……不能活着去接，死了也要到江边，要信守诺言……"

"我儿，伯牙乃是晋国士大夫，去年是公事路过，今年怕是不能前来了。晋阳城到这里是几千里呀……"父亲握住儿子的手说。

钟子期说的是去年中秋的事。晋国士大夫俞伯牙奉晋主之命外出办事。回晋时走水路，八月十五之夜船行到汉阳江口，就停泊在岸边。

俞伯牙在船上弹琴时发现有人偷偷欣赏，就把这人请到船上。这人就是青年樵夫钟子期。交谈中，俞伯牙发现钟子期对他珍贵的古瑶琴的来历十分了解，且对琴理十分精通，欣赏弹奏也十分内行。俞伯牙想着高山弹奏，钟子期就听出"巍巍乎志在高山"；想着江河弹奏，他就感叹"汤汤乎志在流水"。在这里遇到知音，俞伯牙激动异常，当时就同钟子期结为兄弟。两人谈心直到天亮，都觉得意犹未尽。

俞伯牙邀钟子期过些天到晋阳去，钟子期说："如果答应了贤兄，我就必须履行诺言。万一父母不允许我去，我岂不成了言而无信？我不敢随随便便答应了后来再失信……"

俞伯牙感叹后，决定明年来看望钟子期。

"仁兄明年什么时候来到？"钟子期问。"昨夜是十五，现在天亮了是十六，来年，我就是八月十五或十六来到，最晚不超过八月二十。爽约失信，我就不是君子。"俞伯牙说。

钟子期说："既然如此，来年的八月十五、十六，我将在这里江边接你！"

一转眼，到了次年。俞伯牙计算了日子，向晋主告假。

晋主怀疑俞伯牙要另投别国，就迟迟没有答应。

俞伯牙想着上年的约定，再算算日子，心想，宁可丢官，绝不能爽约失信，于是，收拾好行装就启程了。

一路行来，陆路转水路，正好在八月十五日夜里，水手报告离马鞍山不远。俞伯牙依稀认得这就是去年停船遇见钟子期的地方。

俞伯牙心情激动地站立船头四处张望。可是，没有望见钟子期的身影。"去年是弹琴相遇，大约子期贤弟是在等我的琴声吧？"俞伯牙这样想着，就坐在船头弹奏起来。可是，从月在中天直弹到东方露红，并没有钟子期来迎接。

跟从的人有的知道俞伯牙到这里的目的，就说："大人，一年前的约会，谁还能记得？只有大人能不远数千里赶来，还一天都不晚。"

"我了解他。定是家中有不能脱身之事，我们去他家。"俞伯牙说着就起身。

走出十余里，俞伯牙迎面遇到一龙钟老者，在问路的交谈中知道他就是钟子期的父亲。俞伯牙向老人说明了来意。

老人流着眼泪向俞伯牙叙说了钟子期临终时的请求，最后说："你来的路上，离江边不远的新坟，那……那就是他……他在那里接你啊！"

俞伯牙闻言，大叫一声昏倒在地。

俞伯牙醒过来后，跟着钟父来到新坟之前，不禁放声痛哭。他将瑶琴取出，盘膝坐在坟前挥泪弹琴，泪水随着琴声就像泉涌一样。一曲弹完，俞伯牙双手举琴往坟前的祭台用力摔去，珍贵的瑶琴被摔得粉碎。

俞伯牙向坟墓喊道：

"贤弟啊，你接我，我来了。我来了！我来了……"

像钟子期这样临终不忘自己的许诺，死后还要"守约"，确实难能；像俞伯牙这样宁可丢官也要履行与朋友的约言，也确实可贵。后世传说他们可贵的故事，这也是一个原因吧。

遵守承诺为君子，诚信待人显人品。一个信守承诺的人，才是一个有人格魅力的人，而一个视承诺为儿戏的人，自然不会得到别人的信赖。孔子说："言而无信，不知其可也。"言而有信，是做人最基本的道德要求。向别人许下了诺言，就必须用行动去履行，因为诺言是一种不变的誓言，值得我们用一切去捍卫。我国流传千古的"高山流水"的故事，就是遵守承诺的典范！

读书：成功的助推器

The life without books like sunshine is gone, the wisdom without books like the bird's wings are gone.

生活里没有书籍，就好像没有阳光，智慧里没有书籍，就好像鸟儿没有翅膀。

——W. William Shakespeare（英国伟大剧作家威廉姆·莎士比亚）

随着社会的快速发展，科学技术已渗透于各行各业之中，干事者要有丰富的知识储备，作为源源不断的工作能源，如果躺在原有的知识上啃老本，不注重知识更新，总有一天，知识会枯竭，这样的人终将被时代淘汰，更谈不上事业的成功。因此，我们要树立"终生学习"的理念，让知识帮助我们更新思维，以便我们在通向成功的道路上阔步前进！

学习的人生

要使我们的思想适应新情况，就要学习，一旦学习停滞了，适应就停滞了。适应新时期的生存方式，就是不断学习甚至终身学习。只有做到终身学习的人，才能不断获得新信息、新机遇，才能不断获得高能力、高素质，才能够不停顿地走向成功。

传统的学习观是不适应现代社会变化的，所以有人说要进行学习的革命，其实也就是我们今天所说的适应 21 世纪的新学习观。

在国外有家电视台曾举行了这样一种民意测试，"你是愿意在过去生活一百年呢，还是在未来生活一百年？"令人十分惊讶的是，居然有2/3的观众选择了过去！而这个电视栏目是以20岁左右的青年观众为主的时尚节目！

这说明了一个十分深刻的问题，即面对信息及竞争的日趋激烈和瞬息万变，每个人的内心深处都有一种危机感。

要使我们的思想适应新情况，就要学习，一旦学习停滞了，适应就停滞了。适应新时期的生存方式，就是不断学习甚至终身学习。只有做到终身学习的人，才能不断获得新信息、新机遇，才能不断获得高能力、高素质，才能够不停顿地走向成功。

在谈终身学习之前，先谈另一个话题——终身教育。终身教育突破了传统教育的定义，动摇了传统教育大厦赖以存在的物质和精神基础，对教育事业带来了革命性的影响，是教育史上的一件大事。而终身学习就是每一个人的一生一世的持续不断的学习。它始于生命之初，终于生命之末，从摇篮到坟墓，持续不断。我们认为现代社会学习正成为各国迎接新世纪新挑战的高能武器，受到全世界的高度重视。

1989年11月联合国教科文组织在北京召开了"面向21世纪教育研讨会"。当时各国人士就已认识到，由于技术的进步，从未受过教育的人也可以成为一个有用的学习者，因此会议的主题是"发展一种面向21世纪的新学习观"。

学习的重要性在20世纪90年代更是得到了升华，1994年6月在日本成功召开了第三届经济技术合作与开发组织（OECD）大会，会议提出了一个更加发人深思的主题——终身学习，面向未来的战略。

1994年11月，在意大利罗马举行了"首届世界终身学习会议"，提出"终身学习是21世纪的生存概念"，强调如果没有终身学习的意识和能力，就难以在21世纪生存。

活到老就学到老，理所当然地成为新世纪的学习方式。我们的人生，应当是学习化的人生，不断地在实际生活中学习，终身做到事事在学习，时时在学习，处处在学习。

学习，不仅是个人在新世纪的最佳生存方式，也是国家、企业、家庭的最佳生存方式。

在学习化的家庭里，学习会成为家庭的生活方式和生命的主旋律，每一个家庭成员都有一种共识，活到老就要学到老。从选择社区、营造家居与房间的设置等各方面都要学习化。

在古代，孟母把有利于子女学习作为选择居所的主要准则；在近代，宋氏三姐妹之父宋耀如，大力开发家庭的学习和教育功能，立志把子女培养成林肯、华盛顿式的伟大人物。

家庭成员间的关系不仅仅是亲子关系，还应是师生关系、同学关系。家长，同时应当是教师，向孩子提供学习的最好范式和榜样。苏联的霍姆林斯基说："在一个家庭里，只有父亲自己能教育自己时，在那时才能产生孩子的自我教育。"因此，只有父母能够主动学习、热爱学习时，在那时才能产生孩子的主动学习、热爱学习。家长，同时又是孩子的同学，要共同学习，要相互学习，要学会向孩子学习，学习孩子的童真、好奇，对周围一切敏感，与时代同步等有益品质。

学习化家庭还要形成一个共同学习、共同成长的两代人共学共长的新型关系。

在美国政府职位最高的华裔赵小兰的成功，从某种意义上可归因于她的家庭。赵小兰的家庭就是一个学习化家庭。这个家庭有6个女儿，4个从名校研究所毕业。布什总统对赵小兰的家庭赞美有加，对他太太说要向赵小兰的母亲学学怎么管孩子。在这样的家中，家长不是充当学监的角色，而是学习的参与者。赵小兰家，晚上极少开电视，父母以身作则，不过分地花时间在电视中，母亲跟着孩子一起读书，父亲处理未完的公务。母亲虽然年过半百，却与二三十位青年朋友一块学习和讨论，攻取硕士学位。孩子回家后，由姐姐带头，自动读书，而且分担家里的琐事也成为一种学习和训练。

学习化家庭，使学习融入家庭的方方面面，使学习成为整个家庭生活的主导，使家庭的全部成员都共同学习，共同成长。这样的家庭肯定会给其成员带来巨大的动力，因此会因长兴不衰而完美。

而学习化企业是使学习成为企业的根本的生存方式，成为提高企业竞争能力的最合适的选择，由此企业必须在选人、用人、育人三方面进行严格要求。在选人方面，要看重员工的学习素质，特别是看重具有终身学习精神、终身学习能力的人。挑选这样的人才建立学习化企业就容易多了。能够终身学习而不厌的人，往往后劲十足，最能够培养成为可负重任的人才。

企业家鲁冠球说："我曾用心培养过许多人，在相同的条件和环境下，有的人很快就派上用场，而有的人则迟迟派不上用场。我常常在想这是为什么？通过多方面的观察，我发现他们最大的差异是对业余时间的利用不同。"

有的人把业余时间用来进行学习、钻研，有的则认为业余时间就是要好好地享受现代生活，玩卡拉OK、保龄、桑拿、打牌赌博。仅仅是"对业余时间的利用不同"，就造成极大的差异，由此可见，在选才时应该选适合终身学习的人。

日本著名企业家松下幸之助是创办学习化企业的先驱，他向员工问道："如果别人问你，松下电器是一个制造什么的公司，你怎样回答？"被问的人理所当然地答道："我会回答说：'松下电器公司是制造电器用品的。'""像你这样回答是不行的！你们这些人的脑袋里到底装着什么？"大家一头雾水，而松下却说："如果别人问，你们松下电器是制造什么的公司，应当回答公司造人，也造机器。"在企业中能够像松下电器一样，既造机器，又造人的企业理念，确实很少，但这也正是松下电器百年不衰的原因。

在美国，除了学校外，企业培训大学也是美国重要的培训和教育机构。1993年，美国的企业培训大学只有30家，1996年激增到1000家。学习化企业的育人，不仅是为员工提供更好的学习、培训的机会和条件，同时还要提供一个团队学习的环境和文化，设立许多有助学习的反馈和评估制度。

只有每个员工都能积极地参与学习，不断地成长和提高，方能和企业共生共死，方能始终走在同行的前列。

一个国家，提高综合国力的根本之道，便是全民学习。在现代社会里，学习化国家将占主导地位，其他国家只能亦步亦趋地跟在后面。要成为"头脑国家"，就要大力开发国民的智慧和能力，要创造一个全民族、全社会学习化的环境，从制度、机制、政策和文化、宣传等方面入手，使全体国民能够自动地学习。特别要从教育、人事、分配3个方面进行改革，以适应学习化国家的要求。要建立全民自动学习的动力机制，它可以使人自动地向着某个方面去学习。只要建立了全民自动学习机制和创造了全民终身学习的条件，就会使全体国民人人不断学习，不断提高能力，成为最有竞争力的国民。具有这种素质的国民之国，一定是万国之首。

可见，学习不仅对个人、家庭，而且对企业和国家，都是生存本领的重大评判。学习就像一艘船，带领我们驶向无限广阔的美丽的海洋。

立学以读书为本

如果用强制、严格的办法来使学生苦学，还不如"改为引导兴趣为主"。引导兴趣为主，就是乐学为主。一旦乐学，就会进入"好学——勤学——终身学"的境界，从而获得学业大成。

恐怕任何一个人都曾经被下面两句话折磨得耳朵长茧，即"十载寒窗苦""学海无涯苦作舟"。这使许多人误认为教育是一种强迫行为，学习是折磨人的事。它使学生将学习当成负担，当成是受罪。很多人把快乐与学习完全对立起来，在他们心目中，学习不能快乐，快乐不能学习。

不久前，有报社记者曾问一个班的中学生："未来社会将进入一个终身学习的年代。你们认为怎样呢？"结果，仅有个别的学生露出"欣欣然"的表情，而多数的学生纷纷抱怨说："完了，那我们不是永无出头之日了。"回答令人寒心，它不折不扣地反映了一点：学生们都是在一种"苦学"的状态下学习，在他们心中现在的"受苦"是为了将来的

"解脱"，现在的"学习"是为了将来的"不学习"！学生普遍讨厌学习，一心巴望着"解放"！我们悲哀地看到希望工程全力救助那些失学儿童，而很多有学上的儿童却如此厌学。

把学习视为一种苦差事，自然就会陷入"苦学——厌学——懒学——逃学"的境地，这怎么能指望人们做到终身学习？

但如果能够变苦学为乐学，从学习中体会到乐趣，结果就大不同了。柏拉图早就说过这样的话：如果用强制、严格的办法来使学生苦学，还不如"改为引导兴趣为主"。引导兴趣为主，就是乐学为主。一旦乐学，就会进入"好学——勤学——终身学"的境界，从而获得学业大成，这样才有可能达到"活到老，学到老"的境界，知识结构才永远不会过时。

"乐作舟"比之"苦作舟"，能量来源大不相同。

"乐作舟"乐在其中，"苦作舟"则苦在其中。"乐作舟"远胜于"苦作舟"。怎样才能"乐作舟"呢？只有"巧作舟"才能"乐作舟"。

研究表明乐趣往往有以下几种来源：

1.曾经获得成功或成功体验的事物或活动，最易产生乐趣；

2.在未经历过的事物或活动中，有成功希望或自认为有成功希望的事物或活动，很易产生乐趣；

3.在活动中能看到自己的成绩和进步，就会产生乐趣；

4.能带来愉快感的事情，比如竞赛、游戏等可以产生乐趣；

5.新奇、新异的事物，能够引发好奇心，产生乐趣。

综合上述这些来源，我们可以发现产生乐趣的首要来源是成功的体验。有了成功的体验，就容易有乐趣。这种成功的体验，与外界的评价密不可分。

日本著名儿童小提琴教育家铃木镇一发现日本教育出了一个大问题：小时，孩子们的眼睛是亮晶晶的，可上学后，就慢慢地变得黯淡无光。他说，日本的教育已经把学习由人世间最大的欢乐异化成了人世间最大的痛苦（日本的教育如此，中国的教育何尝不是如此）。铃木深入研究发现：在父母教育孩子学说话、学走路的那个阶段，孩子进步最快，父母的心态最好，家中总是充满了欢乐。因为那时候父母总是用最得意、最欣赏的目光，关注着孩子从零开始的每一点进步。也就是这种欣赏、夸奖、鼓励，使每个孩子在毫不费力的情况下掌握了口语这种很难的语言形式。铃木由此得到启示，他想：这能不能用于孩子的小提琴教育？能不能把它用于孩子成长的其他阶段？铃木一经实验，便获得了极大的成功，为日本培养出了一大批堪与童年莫扎特相媲美的小提琴手。

侯宝林老先生是我国著名的相声艺术大师。全国亿万听众，不论是白发老人，还是烂漫孩童；不论是学者、教授、科学家，还是普普通通的山区农民，都爱听他的相声。他的知识广博，对语言、戏剧和各地曲艺都有很深的研究，并能把它自然熟练地运用到相声艺术中。他曾当着荀慧生、程砚秋的面，说唱两派不同的唱腔，而使荀、程两人心悦诚服。他的相声表演，幽默、风趣、生动，常使听众笑得前俯后仰，但笑过之后，细细品味，却又晓人以哲理，给人以启迪。

侯宝林仅念过3个月书，从未上过大学，但却被北京大学、辽宁大学、华东工学院语言所聘请为语言教授。老先生雄厚扎实的知识功底完全靠他自己的勤奋得来。人们曾经问他：当年你那样勤奋地学习艺术，动力是什么？侯宝林只回答了一个字："饿。"他说："要活下去，我就得学会它，我如饥似渴地学说相声，所以我变得聪明起来。"

语言大师的回答是实实在在的。他的童年、少年和早期的学艺生涯，的确是在饥饿中和苦难中度过的。他不知道自己的亲生父母是谁，也不知家里姓什么，更不知自己是哪里人。他只记得在4岁多的时候，火车把他送到北京一个姓侯的人家。义父是个厨师，经常失业，靠给唱戏的当伙计的舅舅接济，勉强维持生活。他捡过煤核，卖过冰棍儿，卖过报，为殡葬队伍打过"雪柳"，拉过水车，也要过饭。爷儿俩生活极为艰辛。

侯宝林11岁时，义父把他送到天桥颜家学戏，当时家里给颜泽甫老师立了个字据，写道："投河溺井，死亡逃走，与师傅无干；如中途不学，要赔偿损失（饭钱）。"这实际等于一张卖身契。因为那时学戏叫"打戏"，若经不起"打",就可能寻死。

在那个年代,学徒首先是佣人,然后是学生。天麻麻亮就得起床,点火生炉,烧开水,扫院子,倒垃圾,然后练嗓子。从天桥直奔天坛,念"引子"和大段独白,边走边喊。再停下来,练习拉"起霸""山膀"等京剧动作。等服侍老师洗漱完毕,老师一边喝着茶,一边给学生吊嗓子,每天的挨打也就开始了。颜老师是个善良的人,但他毫无例外地继承了教戏都打的"传统"。他的"理论"是"不打不成才"。不管你聪明不聪明,用功不用功,唱得对不对,总要打。所以侯宝林几乎天天挨打。年幼的侯宝林思想上没有抵触,没有怕,他认为学戏挨打是天经地义。如果怕挨打,跑回家去,还是没有饭吃,而且根据字据上的规定,还得包赔老师的饭钱,他只能默默地忍受着。他学得很刻苦,进步很快,仅学了3个月就演出了。每天吃过午饭,他就随师傅到场子去卖艺。师兄患有软骨病,又是个大罗锅,凡出门就得侯宝林背着,可当时侯宝林也才11岁。他们从午饭后一直唱到天黑。吃过晚饭,他再背着师兄走街串巷去卖唱,一直唱到午夜才回家。一年365天,基本上天天如此。

街头艺人给自己卖唱的场子取了个名叫"平地茶园"。这是一个辛酸的自嘲。后来有人把它改成一副对联:

平地茶园,雨来就散。

刮风减半,下雪全完。

老师们的生活都没有保障,学徒就更艰难了。主要的威胁就是饿。每天中午从12点就上场去唱,要唱到午夜,中间只能吃上一碗炒饼,经常饥肠辘辘,饿得发昏。

也就在这最艰难的时候,侯宝林的义母死了,没有钱埋。老师领着他,给这个叩个头,给那个唱段戏,唱完就让他跪在地上磕头。老师说:"这孩子他妈死了,大家掏点钱行个好,帮忙埋了吧!"就这样乞得几个钱,在舅舅的帮助下买了棺材,才办了丧事。后来老师要到山西谋生,侯宝林被打发回家。他学唱卖唱两年多,只落得一身裤褂、一件蓝布大褂、一双鞋和一双袜子。

天无绝人之路。一个偶然的机会，侯宝林在鼓楼戏班找到了打大锣的差事，并在这里搭班唱戏。他生怕丢了这个来之不易的饭碗，从早到晚，勤学苦练，一年多时间，那场子唱的几十出戏，他几乎全部学会了，而且生、旦、净、末、丑样样都能演。唱《辕门斩子》，他一人唱两个角色，一会儿唱杨六郎，一会儿又扮老旦。《牧虎关》这出折子戏，他竟能从高来、杨八姐、鞑婆、老旦、小生一直唱到高旺，一个人唱完这出戏。

鼓楼周围有许多卖艺的场子：说书的，唱莲花落的，说相声的……求知若渴的侯宝林什么都想学，每天唱戏之余，他就到各场子去转，天长日久，渐渐迷上了相声，一有空就去听，听完就琢磨。特别是朱阔泉、汤金澄两位老先生的单口相声的艺术魅力，深深打动着他。他虚心地学习，偶尔相声场子演出的人手少，他也帮着他们说。

说来也蹊跷，侯宝林后来能够改行说相声，除了热爱相声艺术外，主要也是饥饿逼出来的。有一天，天降大雨，从早晨一直下到下午4点多钟卖不了唱，他身上一个铜子也没有，饿得饥肠咕咕，他得想办法挣钱。雨一停，他就清扫积水、打开场子，向游客说起了单口相声，一直说到晚上，一下子挣了3元多。平生头一回"发了大财"，他学相声的劲头更大了。

21岁那年，侯宝林被朱阔泉先生收为弟子，学说相声。相声要吸引人就得不断推陈出新而不能老捣前人的剩饭。这首要的就要自己编段子，编段子要有文化，可他小时候只在免费班念过3个月的书。过去学唱戏，因为不识字，只能靠死记硬背。洗菜，走路，上街买东西，老想着老师教的词儿，连上厕所也在背。初学相声也靠背，晚上也挤进场子，专心致志听人家说，然后一遍又一遍地背和记忆。为了识字，他想了许多办法。首先从点戏用的折子上学。那时串街卖唱，得挨门递折子，让人家点戏，他就把折子上的字一笔一画地反复写。另一种认字的方法，就是通过白沙撒字，这是相声演员的传统技艺。每天摊开场子，便用手捏着沙子，在场地上写几个大字或一副对联，什么"福"字、"寿"字啦，"黄金万两""日进斗金"啦，用以招揽观众。字慢慢认得多了，他就开始读小说，《三国演义》《红楼梦》《列国演义》，他都看。开始多数字不认识，他也硬着头皮读，不认识的字逢人就问。新中国成立后，他已经30多岁了，仍刻苦学习文化，随身带个笔记本，走到哪里记到哪里。经过几十年坚持不懈的努力，他已博览群书，有了很高的文学修养，不仅写了不计其数的相声段子，研究过深奥的古籍相声资料，而且写出了许多高质量的学术论文。

为了提高自己的表演技艺，他苦练基本功，博采众家之长，进行了几十年的艰苦探索。他说："一个好演员不是凭空从天上掉下来的，而是集各家之长，吸收了别人很多长处，然后逐渐形成自己的特点，成为一派的。"著名师辈相声演员张寿臣、周德山先生说的《绕口令》，"从门后头出来一个抱小扁担的"一句词，一口气说11遍，像打机关枪，他学了一辈子；刘永春的《卖布头》、马三立的《捉放曹》，他都反复品味，取其精华；就连一些名气比自己小的演员，只要有一技之长，他也虚心请教，并把它融于自己的艺术创作之中。

饥饿和穷困，逼着侯宝林卖身学艺；勤奋和谦虚，又把他送上了艺术的高峰。他以自己的天才表演，给人民送来了欢笑和美的享受，为祖国的相声艺术的发展作出了卓越的贡献。

我们在这里用这么大的篇幅详细地讲述了侯宝林老先生的故事是希冀能对大家有所启发：学习是必须有动力的，要学会在逆境中生存。远大的志向也好，改变现实命运也好，都可以作为学习的动力，我们需要的是时时鞭策自己，督促自己，不断进步。

活到老，学到老

对于每个成年人来讲，在每天晚上我们督促儿女们做家庭作业时，是不是也应该督促一下自己呢？我们是否也应该坐在他们的对面，做一下自己给自己布置的作业呢？

不管你同不同意我的观点，我都依然坚持：我们每个人都处在学生时代。

这绝不是危言耸听。在知识如核裂变的世纪,不管我们原先是大专、本科,还是硕士生、博士生,我们仍然会感到知识的严重匮乏。我们每个人都如同一张干瘪的海绵片,急需要很多知识之水的吸纳。只有这样,我们才能在激烈竞争的现实面前,充盈饱满,"电量充足"。

对此,我们没必要羞答答地难于启齿,这没有什么好羞愧的。过去的时代里,也许只要中专毕业就可以应付自如了,大专、本科那简直是一种浪费。可如今还行吗?本科以上学历的满大街一招手,呼啦啦立马围上一大群,就连街头洗车行的打工仔,也不乏曾经辉煌一时的"天之骄子"呢。这是一件好事,证明我国全民族的整体素质正在提高。

人们急需"输血""充电"的原因之一,是知识领域的不断更新。今天我们刚刚掌握的知识,到了明天仿佛就又陈旧了,眨眼的工夫,一大堆新名词、新观念、新概念、新时尚、新潮流便铺天盖地出现,势不可挡,"神女应无恙,当惊世界殊"!在这样的环境中,再不及时补给,马上就要变成新时代的文盲了。文盲还不很快被淘汰出局?

原因之二是,在职场上,不管是国企、外企、私企,因现代化水平的提高,用人量越来越与之成反比。僧多粥少的职场上那几个可怜巴巴的位子便炙手可热,十分抢眼。过去的"学而优则仕"现在同样适合职场,不抓紧修习"内功",必将落得"无人问津"的下场。

原因之三是,高薪闹的。现在早已不是出大力、流大汗就能挣大钱的时代了。现在是科技文化含量越高,企业效益越高的时代。知识越高的人才越能挣高薪。在这没钱万万不行的节骨眼儿上,谁不盼着腰包更"丰满"一些呢?

所以,现在很多人又想重温背上书包,重捧书本的学生生活,也就不足为奇了。

小D大学毕业好几年了,人也快到三十了,可一看他那身装束,还真让人大吃一惊:上身夹克衫,下身牛仔裤,脚蹬一双运动鞋,这不是一个十足的学生打扮嘛！

他大学毕业后，分到一家事业单位，薪水虽然不丰厚，但每日倒也悠闲，旱涝保丰收。但他很厌烦这种生活，工作也总是无精打采的。单位领导对这位自视极高的主儿也不"感冒"，小D索性辞了那份工作。

怀揣着那张文凭到人才交流中心转了两月，这回倒抽了口凉气，像他这种文凭的，想找一份称心如意的工作，还真没戏。一咬牙一跺脚：重回学校，考研！

他发现，像他这样的人很多，都是一门心思奔考研来的。他们的精神压力挺大，每日里早起晚睡，满脑子的"我一定要考上！"别人也许正花前月下，或在电影院中欣赏着美国大片，他却在图书馆中静心苦读。

早年离开校门时那种"壮士一去兮不复还"的感叹，在他现在看来很可笑。这不又回来了吗？

当然，有时也会遇到一些尴尬，本来已是"社会人"的他，当被人问起，都快三十而立了，何苦呢？不过，他倒很坦然，感到自己喜欢大学校园这种氛围，和这些小师弟、小师妹们在一起，心态都变得特年轻，喜欢现在这种生活状态。再说了，磨刀不误砍柴工，等真正地学有所成时，相信会有回报的。他说这些话时，露着一脸恬静的书卷气。

积极为自己汲取知识营养的人，都是可敬的。不管出于什么目的，最起码他们对生活的态度是积极的。积极的心态必然会产生积极的人生观和价值取向，这些，无疑对我们的社会有利。

对知识的漠然或摒弃，是人类文明的悲哀，同样也是对自身素质的嘲弄。

坐失对知识吸纳的良机，其实是对机遇的一种无言放弃，是对光明前途的一次涂炭。

跨入21世纪，不光是日历的更换，更重要的是与知识携手，共同地融入，而不是在无知的阴影里徘徊、叹息！

对于每个成年人来讲，每天晚上我们督促儿女们做家庭作业时，是不是也应该督促一下自己呢？我们是否也应该坐在他们的对面，做一下自己给自己布置的作业呢？

不要总思念逝去的学生时代，最主要的是我们重新真诚融入学生时代！

一本好书就像一位良友

善待每一本好书，好好地用心去珍惜它，将它当作一片芳香的泥土，把自己当作一棵树，让树根深入到它的里面，你会汲取到无尽的养分。

"没有文化的军队，是愚蠢的军队。"这是一句名言，是伟人毛泽东说的。将他老人家的话推而广之，是否可以得出这样一个结论：没有知识的人，是愚昧的人？

人类的很多知识，来源于书本。毛泽东之所以知识渊博，据载，他宽大的床上，一半堆放着各种书籍，直到他晚年患眼疾不能看书了，仍然叫工作人员读书给他听。

其实，一本好书，就是我们的一位良师益友啊。

书无言，但它却令你振聋发聩；书无柴草，它却让你燃烧希望之火；书无光亮，却能令人拨云见日；书无冷意，却能令人机敏清醒。与众书为伴，简直与置身校园无异！

翻开一本好书，不但让你开卷有益，简直能让你废寝忘食、如醉如痴！它好像一泓清泉，汩汩地流过你的心田；它好像一缕春风，拂得人神清气爽，不浮不躁。

第一次应邀到朋友家，刚和那位女主人一见面，就让作家大吃一惊。倒不是她长得很美或很丑，普普通通的一个女人，眉宇间却透出一股绝对不俗的文雅之气，很像是个被书香润透的女人。

但她明明是个商场新贵的太太啊，本应珠光宝气才对，不应具有如此高雅的气质呀！

她递过一杯茶后，就静静地坐在一边，不再言语。

她的老公和作家寒暄了几句之后，便开诚布公地说："我这人性子直，今天请你来，是有一事相求。"

"请讲。"作家平淡地答，这时他的兴趣集中在客厅的几幅墨竹上，他看得出，是大手笔——雪竹画的无疑。

"想请你收个弟子。"她老公看了作家一眼，"当然，我们会有重谢！"

"这……"作家一惊，一听"重谢"两字，更觉尴尬，你虽有钱，可有钱就能买到一切吗？"对不起，我从不收徒！"

他们只得换了一个话题。

"芳，平时你总说我交了一帮俗人，今天把作家请进家门了，你怎么反倒不说话了？"她听到老公的问话，看了作家一眼，面上一红，"我又不知说什么好。"

"那你就请作家看看你的书房吧。"她微一点头，领作家进了她的书房！

书房很大，除了一角摆着台电脑外，其他地方全是书架，书架上满满的书，散发着一种墨香。

作家见到满屋子的书，非常高兴，尤其是在这些大名家的旁边，还有几本他的散文集。"真想不到，简直成了一个图书馆了。"

"是吗？我这人没有别的爱好，就是喜欢书。"她落落大方地向作家介绍着自己，"有时跟个孩子似的，见到本喜欢的书，就非要买回来不可。"说这话时，她的脸是一片的明媚。

"这些书是为了收藏呢，还是……"

"收藏倒不是，主要是自己看。"她请作家坐下，"每天和这些书朝夕相伴，我觉得特别充实。"

"你说得好极了。一些大款的太太们，往往只对时尚服装、舞会等感兴趣，安安静静坐拥书城铸内秀的倒是很少。"作家感慨地说，"通常意义上讲，金钱上的满足，也是导致知识贫乏的一个致命病因，你呢，倒显得格外不同了。"

"谢谢。作为一个女人，靠几件衣服和化妆品是留不住青春的。"她看了作家一眼，"倒是多读几本好书，不但丰富了自己的知识，而且还能使心态年轻呢。"在作家面前谈这些，她显得很不好意思，脸上挂着一抹少女的羞红，很显然，她很高兴。

"那你都看哪方面的书呢？"

"文学的、社科、美术专业的，我都喜欢看。"

于是，两人又谈到了许多读书心得，产生了许多共鸣。时间在两个谈话投机者面前，是一溜小跑地走过的。

等她老公进来时，早已过了吃午饭的时间。

"你的太太真的很了不起，有思想，有内涵！"作家由衷地对他说。要知道，这位严肃的作家是从不轻易夸奖人的。

"当然不会差啦，我的老婆嘛！"他自豪地说，"可惜呀，你却不收她做弟子。你不知道，她可喜欢你的散文了。"

"是吗？"

"当然啦，怎么样，给我点面子，收下她？"

作家看了一眼旁边她满是希冀的目光，终于答应了，"不过，什么重谢可就都免了。"

"太好了"。她差点跳起来，"至于礼物，你看一下，再说收不收。"然后，她脚步轻快地转入另一间屋。

她老公狡猾地看着作家。

她呈献给作家的，是一幅画，雪竹画的墨竹！

她告诉作家："这是我的习作。"

善待每一本好书，好好地用心去珍惜它，将它当作一片芳香的泥土，把自己当作一棵树，让树根深入到它的里面，你会汲取到无尽的养分。

真的，上面故事中的那位太太，你就不觉得她美吗？她的美中，多的是一些文化底蕴的成分，多的是一些淡泊和恬静。这样的美，美在内里，美在心灵。比那些靠涂脂抹粉来扮出的美，有着本质的区别。

永远地与好书为伴吧。好书不但是你的导师，而且还是永远不会背叛你的挚友。尽管眼下电子资讯多如牛毛，但绝不能代替了书本。

拥有知识，就是拥有美的魅力和气质。

对此，男人需要，女人同样需要。

发散思维助读书

但对于现实生活中的所有问题，从思维上都进行复杂的分析研究，层层叠叠地"深加工"下去，却会令人头痛和茫然。

思维方式放开了，转变了，自己的眼界也就开阔了。

我们所处的时代，是个条分缕析的时代。

比如我们的生物学，下面又分为界、门、纲、目、科、属、种；我们的医学，又分为内科、外科、妇科、五官科、放射科、儿科、牙科等等。这样繁复而浩大的分类，在科学上，应该说是一种进步，因为它能令科研人员有的放矢。但对于现实生活中的所有问题，从思维上都进行复杂的分析研究，层层叠叠地"深加工"下去，却会令人头痛和茫然。

西汉时，孙宝担任京兆尹。

有一次一个乡下农民进城赶集，于熙熙攘攘的人流中不小心碰翻了一个卖油炸馓子的摊儿，满桌的馓子滚落地上，立时摔了个粉碎。地上到底有多少个馓子，已没办法数清了。

摊主抓住农民不放，非让他赔不可。呼啦啦围上好多看热闹的。

农民认赔50个馓子的钱，可卖馓子的坚决不干，说他的馓子至少也有300个，赔50个，没门！

两人各执一词，争得面红耳赤却无结果。

围观的人虽然很多，吵吵嚷嚷光看热闹，却也想不出一个解决纠纷的办法来。

这时孙宝正好经过这里，大家便请他来处理。

孙宝不慌不忙，叫手下人从别的摊上买来一个馓子，并称了重量，随后又叫手下人把地上的碎馓子都收起来，称出它们的重量，然后，他用这些碎馓子的总重量除以一个的重量，得出了馓子个数，最后，他叫农民按着这个数赔给摊主钱。

孙宝对这件事的处理，众人无不称赞，就连卖馓子的小贩也佩服得五体投地。

其实生活中的许多看似非常复杂繁琐的问题，都可以简化处理的。孙宝就是将不可能办到的"徽子个数"问题，巧妙地转换成"称徽子重量"的可以办到的问题，使纠纷得以圆满解决的。

众所周知，大发明家爱迪生一生发明很多，非常繁忙，许多他认为比较容易办的问题都交给助手阿普顿去办，阿普顿可是一所著名大学数学系的高才生呢。

一天，爱迪生吩咐阿普顿测量一个灯泡的容积。阿普顿接过灯泡量了又算，算了又量，一个多小时过去了，算得这位高才生满头大汗。当爱迪生问他算好了吗时，他回答只算好了一半。

爱迪生见这位助手认真的样子，笑了。他教阿普顿说："你往灯泡里注满水，然后把水倒入量杯中，一看刻度不就知道灯泡的容积了吗？"

阿普顿这时才恍然大悟，如同刚从梦境中出来。

爱迪生用的方法是将一个复杂的问题转换成一个简单的问题，即将不好办的"测量灯泡容积"的问题，转换成"看量杯刻度"这样一个简单的问题，使问题轻而易举地得以解决。

19世纪末，法国园艺家莫尼哀想为自己设计一个牢固坚实的花坛。

可是对于如何设计制作花坛，他一窍不通，作为一名园艺家，对植物他是了如指掌的。

于是，他将花坛的结构转换成自己熟知的"植物的根系"来思考：盘根错节的植物根系，因为牢牢地和泥土结合在一起，才使植物枝繁叶茂，生长苗壮。他将土壤视为水泥，植物的根系视为根根钢筋；并将土壤包裹根系转化为用水泥包裹钢筋。经过反复演练，不仅制成了坚实牢固的新型花坛，而且在世界建筑史上有着划时代意义的新型建筑材料——"钢筋混凝土"，也就由这个建筑业的门外汉发明了出来。

莫尼哀用的是把自己生疏的"制作牢固坚实的花坛"问题，转换成自己熟悉的"植物根系与土壤的关系"的问题，不但使问题得到解决，还顺手牵羊地发明了"钢筋混凝土"，真可谓一举两得。

复杂而匆忙的社会，简单的生活方式成了人们的一种时尚。

把那些如过眼烟云一般毫无用处的虚名搁置一旁，把那些这个利、那个利的先抛开，思想上的包袱就打开了，就不再沉重和压抑了。简单就成了一种洒脱和从容大度。

思维方式放开了，转变了，自己的眼界也就开阔了。

活着，越简单、快乐越好！

展开想象的翅膀

对于某些事物的探索和研究，有时单靠简单的逻辑推理已不能解决问题，常规的实验更是无从做起。这时，就要凭借我们的形象思维来展开想象的翅膀，使我们的认知能力和水平来一个质的飞跃。

社会是不断发展变化着的，世上根本没有一成不变的东西。这就需要人们随着思考问题的逐渐深入和涉及问题领域的日趋扩大，而改变原来固有的思维方式。

17世纪，意大利著名的物理学家伽利略在实验中发现，当一个小球从第一个斜面滚下而又滚上第二个斜面时，小球在第二个斜面上达到的高度，略低于它在第一个斜面未向下滚动时的高度。

伽利略断定，这是由于小球与斜面之间的摩擦力造成的。

他开始想象：小球无限地光滑，斜面也无限地光滑，小球在斜面上滚动时一点阻力也没有了。这样，小球从第一个斜面滚下，再滚上第二个斜面，它滚下两个斜面所达到的高度必然是相等的，而且不管两个斜面的倾斜度大与小，都是如此。

他接下来又想象：如果第二个斜面不再有倾斜度，也就是成了一个平面，那么，小球从第一个斜面滚下来后，它将沿着无限长的平面以恒定的速度一直运动下去，也就是将会出现"动者恒动"的现象。

他的这个想象被公认为是合理的，并经过深入研究，最终建立了物理学上的运动第一定律。

我们可以这样说，物理学上的运动第一定律，不是通过实验证明出来的，因为它根本就无法实验，而是伽利略想象出来的。

想象不但在科学研究中、文学创作中具有不可估量的作用，就是在对商品的市场定位上，同样也具有极强的作用。

新中国成立前，我国的化学工业有"南吴北范"之说。

"南吴"，指的是南方的吴蕴初，"北范"指的是北方的范旭东。吴蕴初，江苏嘉定人。他在上个世纪 20 年代，曾与人合作在国内首创味精厂，后来被人们称为"中国味精大王"。

他在最初为其出产的味精命名时，大费了一番脑筋。因为我们中国向来就有"名不正，言不顺"之说。按现在的说法，就是要给商品在市场上来一个准确"定位"。

在此之前，中国不能生产味精，占领中国市场的是日本的"味之素"。吴蕴初想，中国的东西没必要跟在东洋人屁股后面叫什么"味之素"，但那又叫什么好呢？

中国人习惯将最香的东西叫香精，把最甜的东西叫糖精，那就把味道最鲜的东西叫味精吧。他接着又想，生产的味精该叫什么牌子呢？他根据味精是植物蛋白质制造的，是素的东西，联想到吃素的人；由吃素的人，他联想到他们一般都信佛；佛住在天上，为佛制作珍奇美味的厨师自然是最好的，于是他决定将他生产的味精取名为"天厨味精"。

天厨味精问世后，通过声势浩大的广告宣传，以及后来正好赶上国人抵制日货，"完全国货"的天厨味精不久就声名鹊起。

吴蕴初由味精是"素"的东西，联想到"吃素的人"，又联想到"信佛的人"；由"信佛的人"，再联想到"天上的佛"，再联系到"天上的厨"，这样一环紧扣一环，实在令人称道。而一个人的想象力丰富，也往往能给人带来好运。

两位美国专家，一道去埃及参观金字塔，白天游玩了一整天，晚上就早早地住在了一个小镇上。

专家甲留在房间里专注地写日记，专家乙则独自一人到夜市去溜达。闲转中，他无意中发现路旁有一位老太太在卖一只黑色的玩具猫。据老太太讲，这"猫"是她的祖传之物，若不是孙子得了急病无钱医治，还真舍不得拿出来卖呢。

"那多少钱？"

"500元。"

专家乙漫不经心地把玩着，突然他的眼睛一亮，他发现了什么？原来猫的两只眼睛是两个巨大的珍珠！他还价300元就买"猫"的两只眼睛，老太太急着用钱便勉强同意了。

专家乙把"猫眼"带回旅馆，眉飞色舞地向专家甲介绍了得宝经过。专家甲听完，连忙放下手中的笔，赶快去用200元买回了那只无"眼"的"猫"。

专家乙讥笑专家甲太傻，花200元买一只铸铁的"猫"，太不划算了。

专家甲不理他的唠叨，取出一把水果刀，轻轻朝"猫"身上一刮，立时，一缕灿灿的金光骤然进射。他大喜地叫道："果然不出我的所料，这只猫是用黄金做的。"

这时专家乙十分后悔，自己为什么刚才不连同猫一起买回来？同时又想不通。于是问专家甲："你怎么就能确定它是用黄金做成的呢？"

专家甲回答："你这人虽然知识很渊博，但不善于想象。你怎么不动动脑筋，既然'猫'的眼睛是用珍贵的珍珠做成的，它的身子怎么会用不值钱的铸铁来打造呢？"

不善于由此及彼地联想，使专家乙痛失了一次发财的机会。好运属于能够大胆想象的人。

想象是人类思维里非常重要的一个方面。

善于运用合理的想象，不但对我们的科学创新活动带来意想不到的好处，也为我们的生产和生活带来丰富的财源。同时它对我们的生理和心理健康同样起着至关重要的作用。

我们想象着自己生存的天空是一个湛蓝的天空，它的上面飘浮着几朵白云，蓝天丽日下是一座座葱郁的远山，河水是那样清澈地流淌着，田野里正漫溢着果实的阵阵芳香……那么，我们的心情也会随之明朗轻快起来，我们的身体也会在这如诗如画的景象中越来越强壮！

让思维生出想象的翅膀，在无限的空间中尽情翱翔吧！

灵感：迸发智慧的结晶

揭去灵感的神秘面纱，还它以本来面目，用一颗平静之心去对待它，使它为我们所用，才是最主要的。

灵感作为潜思维和显思维共同酿造的一杯美酒，是极其香醇浓烈的，我们应该适时地举起它，为我们的创新加油鼓劲！

魏文帝曹丕，龙廷初坐，为了巩固其"帝"位，一心想把聪慧过人的三弟曹植除掉。一次，曹丕命曹植在七步之内做一首诗，否则，即是死罪。

在这生死攸关的危急时刻，曹植已不可能再从容不迫地酝酿推敲了，他凭借自己超凡的才华和过人的机敏，吟出了脍炙人口的千古绝句："煮豆燃豆萁，豆在釜中泣，本是同根生，相煎何太急！"这被逼出来的荡气回肠之作，不但救了曹植的性命，而且还流传千古。

是这首诗救了曹植吗？不，是灵感的迸发救了曹植！

何为灵感？通俗地讲，灵感是人们头脑中普遍存在的一种思维现象。

有的人认为它是玄妙和神奇的东西，是不可思议的神秘现象。其实，灵感是人们潜意识和显意识对各种信息进行深加工的产物，是人们认识事物的一种质变和飞跃。由于它对信息加工的形式、途径和手段的特殊性，以及思维成果表现形态的特殊性，才使灵感在一般人面前蒙上了一层神秘的面纱，变得复杂、玄奥而扑朔迷离。

当我们掀起它的盖头，看清了它的真实面目时，就大可不必惊奇了。

赫赫有名的大物理学家爱因斯坦的许多发现都来源于灵感的涌现。对此，他向世人郑重地坦称："我相信直觉和灵感。"

人的灵感常常具有以下几个主要特征：

1. 突然来临，不期而至，像个不速之客

这主要是因为，灵感的产生是潜思维和显思维的一下子接通，于是潜思维将它的成果迅速地传递给显思维，这使得思考者本身也感到突然。

1944年12月，也就是第二次世界大战中，美军和德军在卢森堡开始两军对垒，一场惊天动地的恶战一触即发。

指挥这场战役的是美国名将巴顿将军。一天凌晨4点，他突然把秘书叫进办公室。

秘书进门后，发现巴顿上半身穿着军服，下半身穿着睡衣，如此"衣冠不整"的巴顿将军，必有极其重要的命令要口授。秘书的猜测一点不错，巴顿如此"狼狈"，是因为他忽然想到，德军会在圣诞节时将在某地发起猛烈的进攻，于是他决定先发制人。巴顿向秘书下达了立即向德军发起进攻的命令。

果然不出巴顿所料，几乎就在美军发起进攻的同时，德军也不约而同地发起了进攻。由于美军占了先机，终于把德军阻止在了冰天雪地之中。

过了两天，秘书不解地问巴顿："您是怎么预感到德军要来攻打我们的？"

巴顿得意洋洋地一笑："老实对你说吧，我也不知道德军哪天要来进攻。"原来那天早晨三点钟，巴顿无缘无故地醒来，脑中突然想起了这事。"像这样的主意究竟是灵感还是失眠的结果，我不敢说我知道，而以往的每一个战术思想几乎都是这样突然出现在我的脑海里，而不是有意识苦思冥想的结果。"

2. 它的出现常伴随着激情

头脑中灵感的出现，是意识活动的爆发或质变和飞跃，是给人豁然开朗、茅塞顿开的思想火花，是智慧之光的瞬间闪烁，使神经活动一下进入兴奋状态。随之而来的必然是情绪高涨、身心舒畅，甚至达到一种如醉如痴的疯狂状态。也正因如此，灵感造就了无数的作家、诗人。

德国著名诗人歌德，曾这样描述他获得诗歌创作灵感时的情景："诗意突如其来，我感到一种压力，仿佛非把它写出来不可。这种压力就像一种本能的梦境冲动，在这种梦游症的状态中，往往面前斜放着一张稿纸而没有注意到，等到注意时，上面已写满了文字，没有空白可以再写什么了。"

3. 不听指挥

灵感不能想什么时候要，它就招之能来。它的出现，在时间、场合上，都不依照人们的规定和想像。德国哲学家费尔巴哈曾说过："灵感是不为意志左右的，是不由钟点来调节的，是不会依照人们预定的日子和钟点迸发出来的。"

它像个调皮蛋，常爱和人开玩笑，你千呼万唤，它偏不光临，一点面子都不给；你没想它，它偏又不请自到，完全不管你愿意与否。正如大家所熟悉的那句谚语所说："有心栽花花不开，无心插柳柳成荫。"

由于德、意、日在世界范围内的侵略日益猖獗，1942 年，美、苏、英、中等国开始着手建立反法西斯联盟。为师出有名，名正言顺，决定起草一份宣言。这份宣言叫什么名字呢？

美国总统罗斯福和英国首相丘吉尔在一起研究了多次，也想过不少名字，都因不恰如其分而放弃。

有一天大清早，罗斯福边起床边不顾身份地大叫起来："上帝呀，我终于想出来了！"他急忙去找丘吉尔。丘吉尔此时正在洗澡。罗斯福迫不及待地跨到浴室门前，对丘吉尔高声说："亲爱的温斯顿，我想出来了，你看叫联合国怎么样？"丘吉尔从漂满皂沫的浴缸里钻出来，孩子般拍了拍白白胖胖的肚皮，一脸惬意地叫道："啊！太好了！"

于是，他们将这份宣言定名为"联合国宣言"。1945 年联合国成立时，也沿用了这一名称。

这就是联合国的由来。

揭去灵感的神秘面纱，还它以本来面目，用一颗平静之心去对待它，使它为我们所用，才是最主要的。

灵感作为潜思维和显思维共同酿造的一杯美酒，是极其香醇浓烈的，我们应该适时地举起它，为我们的创新加油鼓劲！

知识转化：知识就是力量

知识与力量、财富，与成功之间，应该加上转化这个过程。知识不经过合理的转化、发酵，是不会成为力量、财富和成功之果的。

世上的知识分子学会了转化，不但是"孔乙己"消失的时候，也是社会大有希望的时刻。

知识的时代里，没有知识是绝对不行的，基于对它的认识，人们纷纷打出"知识就是力量""知识就是财富"的口号。这些口号是对的，在它给我们带来的激动过后，又不由得引起我们的深思，难道有了知识就真的有了力量和滚滚的财富吗？

现实中有很多的人并没有什么高学历，有的甚至并没有上过多少学，反而成了千万富翁。如京郊一个姓张的农村妇女，现已六十左右了，只有小学二年级的文化水平，却把个集团公司搞得红红火火，生机盎然。有些专家、学者、教授反而不如卖茶蛋的收入高，这种怪圈的出现，除去一些历史上、体制上的因素外，有一点非常重要，就是有些有知识的人把知识给搞死板了。

读死书，一切照本宣科，依照书本去照章行事，"循规蹈矩"的像个小脚女人，真是"大门不出，二门不入"，哪里敢越雷池一步？结果，空有满腹经纶，却成了可怜的书呆子。

从这些书呆子身上，我们看出了孔乙己的悲哀影子。

鲁迅先生笔下的孔乙己，虽然站着喝酒却穿长衫，虽然寒碜地盯着盘中几颗可怜的茴香豆却满口"之乎者也"，"不多不多，我已经不多了，多乎哉？不多也。"但他却是个有学问的人，就连茴香豆的茴字就会四种写法呢。而最后却接连惨败，蓬垢街头，于无可奈何中惨然逝去，成了一个"是这样的使人快活，可是没有他别人也便这么过"的可怜虫。

这当然是旧时穷困潦倒文人的一大悲伤，现实社会中的知识分子的境况与斯时已大相径庭，若再如他那样可要好好的找一找自身原因了。

我以为，知识与力量、财富，与成功之间，应该加上转化这个过程。知识不经过合理的转化、发酵，是不会成为力量、财富和成功之果的。

对于这个很难解释清楚的问题，还是让我们转化为一个形象的事例来加以说明吧。

河北省承德市有一个著名的风景区，名字叫雾灵山风景区。由于海拔比较高，到了夏天，山顶依然覆盖着白皑皑的积雪，空气清新、凛冽，山下已经果实飘香如秋了，山腰却鲜花盛开似春，山顶寒冷如冬，游一山而品数季，引得游人如织，兴味盎然。

雾灵山偏西南一隅，因山路崎岖艰险，虽然景色更美，却是游人罕至，大有门前冷落鞍马稀之感。村里的孙书记虽也多方联系组织旅游，但应者寥寥。

其实，当地即使不搞旅游业，也照样有发财之路。

其一，山上有奇特的泉水，谁家大人小孩闹肚子，喝几口立马就好。村里人常饮此泉，没有一个患高血压、糖尿病的，更没有得癌症的。全村七八十岁的老人都和小伙子一样，健步如飞，健康长寿，难道这不是本村的一大优势吗？然而他们不懂得转化这一优势，任凭那泉水潺潺流淌。

其二，满山遍野的山野菜资源，因其独特的地理地貌，形成了适合野生菜类生长发育的小气候。山野菜的种类达七八十种之多，有数十种都是令城里人"垂涎欲滴"的珍品，如大面积的山葱、山菠菜等等，其储量可达几十吨之多。这些如金子一般的资源，不但不被利用，反而被村民们当成喂猪喂羊的饲料白白地给糟蹋了。当地的老百姓是宝山空守，坐品清贫。

这是一个真实事例，笔者曾到过那个村子。我之所以把它写出来，其实是为了说明我们许多知识分子，有时其所作所为，也如我们可爱的偏远地区的农民一样，不知道怎样把本身的渊博知识转化成一种财富。

知识转化成财富，如果狭义地理解为给知识分子本身创造价值，那是一种误解。邓小平同志说，知识是第一生产力，将自己所拥有的知识，转化为科学技术，也就是发明创造，带来的绝不仅仅是个人的财富。更主要的是一种社会意义的财富，并由此而推动全人类文明的进程。

财富的拥有，早已不是可耻的事了，相反，在某种意义上说，它是成功的标志。

知识分子拥有的满腹才学，不能用来孤芳自赏，而是应该为社会所承认，所接纳，并为社会以及自身创造出辉煌的成果来，否则，便成了死的知识，对谁都没用。

知识的财富和价值只有通过转化，才能体现出来。世上的知识分子学会了转化，不但是"孔乙己"消失的时候，也是社会大有希望的时刻。

口才：成功的捷径

一人之辩，重于九鼎之宝；三寸之舌，强于百万雄兵。

——《战国策》

语言是生活中沟通的工具，口才是成功人士必备的素质。会说话的人，遇到有事情和别人接触，或有事情跟别人合作的时候，总会很顺利地把事情办成功。而不会说话的，却常常碰壁。口才流利的人，会使人清清楚楚地明白自己的意图，而不会说话的人，却经常使人发生误解。因此，口才是一门学问，只有掌握了它，才能遇事应付自如，事业成功。

好口才是开启心扉的钥匙

若想让对方向你说出自己的真心话，首先要诱导他解除心理戒备。解除心理戒备的方式很多，在对方说话时适当加以附和就是其中的一种。这种方式能够顺应对方的语气进行对话，使他不好意思再拒绝你，并且轻松地与你交谈。

人与人的性格各不相同，有的时候，我们很热情地与人交谈，对方却持一种戒备心理。碰到这种情况时，你只有设法消除对方的戒备心理，交谈才能顺利进行。然而，要达到消除对方戒备心理的目的，你的谈话方式就一定要做到使对方愿意接受才行。

有的时候，你急不可待地想探得对方的心声，他反倒采取生硬的态度加以防范。倒不如通过点头、随声附和或微笑倾听等方式，使他觉得你完全接受了他的话。那样一来，他会觉得你不必要完全依附他的意愿，渐渐地，他就完全听从你的劝告了。

不过，有时候这个办法并不能随你所愿，任你如何附和，对方依旧守口如瓶。这时，你只有毫不犹豫地从对方身上打开缺口，才有可能收到意外的效果。如他佩戴的饰物、领带等体现对方个性和喜好的物品，往往是寻找话题的好引子，比较容易引得对方与你交谈。

再者，若想打破沉默，你还可从对方无意中做出的动作为话题，运用得当，往往可以打破僵局。

如果对方是位女性，端杯时跷起小指，你就可以说："哟，我想你肯定学过艺术，端杯都用兰花指，真好看！"你把她无意识的小动作观察得这么仔细，她就会认为你很关心她。于是，戒备心理也就自然地慢慢消失了。

对于那些硬是不愿开口的顽固派，你自然要主动地想些办法，引起他的好奇心，使他开口说话。

马春晓是一家报社的记者，有一次，他听说一家企业快倒闭了，于是找到该公司的经理进行采访。但是这位经理什么消息也不肯透露，表现出很深的敌意，当时的场面很是尴尬。小马想抽烟，又不知烟放在哪儿了，于是他就搜寻衬衫、裤子口袋，最后没办法，又去摸外套口袋。这位经理觉得很奇怪，便担心地问："你怎么了？"当他说明情况后，经理拿出自己的烟来给他抽。从这时起，他们开始了交谈，小马也因此获得了很多宝贵的资料。

当然，小马能够如此轻易地得到许多宝贵资料纯属巧合。不过，有时故意地做些动作，倒是消除对方心理戒备的一种方法。

促使对方敞开心扉的具体方法是：

1.倾听对方谈话时，稍微向前移动身躯，以示对他的关心；

2.对方说话时，不时点头，做出表示赞同的神情；

3.同时，你要始终保持面带微笑，让他感觉到你的亲切感；

4.对于沉默不语者，想办法以他的物品或动作为话题，撬开他的嘴巴；

5.你还可以利用能够引起对方好奇的话题，使他乐意与你交谈。

只有说话时把握分寸，敞开自己的心扉，真诚地进行交流，对方才会和你一样敞开胸怀。

机智妙语解尴尬

有的时候，可能会遇到棘手犯难的问题。对此，若以幽默谐趣的方式回答，往往会化险为夷，改变窘态。在山重水复疑无路时，转为柳暗花明又一村，使尴尬局面消失在谈笑之中。

在社交场合，有时会遇到别人对你有意无意奚落、挖苦、讥讽，你该怎么办？你应该用语言作为"护心符"，筑起防卫的堤防。有随机应变能力的人，就能调动自己的智慧，化被动为主动，使尴尬境遇烟消云散。"兵来将挡，水来土掩"，你可视不同的来者选择不同的应付办法。

若判明来者不善，是怀有恶意，故意挑衅，你可以"以眼还眼，以牙还牙"，有理、有利和有节地回敬对手。

有一次，一个美国记者同周总理谈话时，看到周总理的桌上有一支美国派克钢笔，就带着几分讥讽的口气问，"请问总理阁下，你们堂堂中国人，为何还用我们美国的钢笔呢？"周总理听出了他的言外之意，庄重而又风趣地答道："提起这支钢笔，话就长了，这是一位朝鲜朋友的抗美战利品嘛，作为礼物赠送给我的。我无功不受禄，就拒收。朋友说，留下做个纪念吧。我觉得有意义，就收下了贵国这支钢笔。"那个记者听后，一脸窘相，怔得半晌也说不出话来。

英国前首相威尔森在竞选时，演说刚讲到一半，突然有个故意捣乱者高声打断他的话："狗屎！垃圾！"显然，他的意思是叫威尔森"别再胡说八道了"。威尔森却不理会其本意，只是报以容忍的一笑安抚地说：

"这位先生，我马上就要谈到您提出的环境脏乱问题了。"捣蛋者一下子哑口无言。

如果对方来势汹汹，盛气凌人，指责辱骂你，而你确信真理在手，则应保持藐视的目光、冷峻的笑容，让他尽情地发泄个够，而不予理会。有时沉默无言的蔑视，能力胜千钧，抵得上万语千言。假如有人冲着你横眉竖眼，恶语中伤地骂道："你这个人两面三刀，专门告我的阴状，想踩着别人的肩膀往上爬，没门！"如果你心中无愧，完全不必大发雷霆，倒不妨解嘲地反诘："哦！是真的吗？我倒要洗耳恭听。"然后诱使谩骂者说下去，直到对方找不到言辞了，你再"鸣金收兵"。在这种情况下，你以温文尔雅、彬彬有礼的方式笑迎攻击者，显然比暴跳如雷、大动肝火要好。

须知，在人数众多的场合中运用针锋相对的手法，还有个争取群众的理解和支持的问题。若你顶得过于刻薄，引起争斗，那就会失去意义。比如，在一次演讲中，台下有人喊道："你讲的话我听不懂。"演讲者知其来者不善，就马上尖酸地当众顶了回去："你莫非是头牛！原来我是在对牛弹琴呢！"这样的反唇相讥，讲者虽然痛快，但却有可能失去听众。所以，一个人应该要有自我控制能力，要善于约束自己。

假如有人以半真半假的口吻问："你得了一大笔奖金，该'发财'了吧？"如你避实就虚地回答："你也想吗？咱们一块来干！"语中带点阳刚锐气，别人再问，也不大好意思了。

你刚被提拔到某领导岗位，有人对此揶揄道："这下子你可平步青云、扶摇直上了吧？"你听了不必拘谨，可一笑了之："是这样吗？你算得这样准？"用这种不卑不亢的应酬方法，立即使对方语塞。相反，你过于计较，说出一大堆道理，倒显得太认真，反而适得其反。

如果有人用过于唐突的言辞使你受到伤害，或叫你难堪，你应该含蓄以对，或装聋作哑、拐弯抹角、闪烁其词，或顺水推舟、转移"视线"、答非所问，谈一些完全与其问话"风马牛不相及"的事，用这种委婉曲折的方法反驳对手，一定会取得奇特的功效。

有的时候，可能会遇到棘手犯难的问题。对此，若以幽默谐趣的方式回答，往往会化险为夷，改变窘态。在山重水复疑无路时，转为柳暗花明又一村，使尴尬局面消失在谈笑之中。

交流技巧化矛盾

实话实说本身并没有错，心胸坦荡、为人正直这是许多人都赞赏的美德。但问题在于，实话实说也要考虑时间、地点、对象以及他人的接受能力。

如果说话过于直率，言辞过于生硬或激烈，只会产生不良效果。

金焱在职场上已经"浮沉"了好些年了，也遇到各种各样的人和事，本来应该也算是一个"交际能手"，但不知为什么，她总是很容易得罪人。她心里总搁不住事儿，有什么就说什么，从来不会隐瞒自己的观点。

有的同事把茶水倒在纸篓里，弄得一地是水，她会叫他不要这样做；有的人在办公室里抽烟，她会请他出去抽；有的人爱没完没了地打电话，她就告诉她不要随便浪费公司的资源……她这样做是好心，因为如果让经理看见了，不是一顿责骂，就是被扣奖金。

可是，好心没好报，她这样做的后果是把同事们都给得罪了。每个人都对她有一大堆的意见，甚至大伙一起去郊游也故意不叫她。有一次她实在气不过，就向经理反映，没想到经理也不怎么支持她，并没有批评有错误的人，反倒弄得她在公司里更加被动。她非常想不通，明明我是实话实说，为什么结局是这样的？难道做人就一定要虚伪做作吗？

金焱的这种情况其实是很普遍的。人们的日常生活离不开与人打交道，如果与自己的同事关系处不好，又要天天见面，的确叫人难受。

从上述事例来看，实话实说本身并没有错，心胸坦荡、为人正直这是许多人都赞赏的美德。但问题在于，实话实说也要考虑时间、地点、对象以及他人的接受能力。

如果说话过于直率，言辞过于生硬或激烈，只会产生不良效果。不但达不到善意的初衷，而且有时会走向极端，给自己带来不必要的麻烦。

因此，在指出对方错误的同时，也可以反省自己是否说话不得体。如果是因为没有讲究方式方法，而造成同事关系的紧张，就要考虑自我调整，克服过于直率的毛病了。有话当面说，不在背后说长道短，这无疑是对的，但也不能因此而忽视了人与人之间的复杂性。只求敢说，不讲效果，这根本就无助于问题的解决。

人们一般都很爱面子，爱听赞扬的话，不妨为对方想想，不要只管自己说得痛快。尽管你是善意的，也会伤害对方，有可能会造成对方的误解和怨恨。如果找一个恰当的机会，比如大家一起吃饭或聊天的时候，婉转地说出自己的想法，与当事人个别交换意见，也许更会得到对方的理解。也可以用一个幽默来表达自己的看法，肯定有利于问题的解决。

金焱处事的这样一个结局，值得我们深思。

语言是人的另一张面孔

对人来说，语言比任何装饰都更重要。人们需要化妆，需要漂亮的服装，需要香水和时髦的皮包。但有一样"化妆品"也是最高级的"化妆品"——"语言"，它随时随地都会起作用。

对话和演讲是人的另一张面孔。每一张脸都可以是漂亮的，人人都能够受欢迎的，关键是如何去掌握它。

语言的艺术和品位，在社交生活中的每时每刻都能感觉到。过去的人们说：佛要金装，人要衣装；现在却可以说：佛要金装，人要口才。对人来说，语言比任何装饰都更重要。人们需要化妆，需要漂亮的服装，需要香水和时髦的皮包。但有一样"化妆品"也是最高级的"化妆品"——"语言"，它随时随地都会起作用。如果能使语言高度地艺术化，无疑就是生活的高度艺术化。即使是在一些非常细微的生活细节上也是如此。比如一次，一位朋友因为酒宴耽搁了时间，主人只有派车将他送到机场，当时离飞机起飞还剩下不到半个小时的时间。他急急忙忙，三步并成两步奔向检票口，冲着验票的服务员问："小姐，我能不能搭上这班飞机？"服务员小姐见他如此紧张，微笑着回答："您的时间很多，除非您走错了机场。"原本紧张的朋友，望着服务员小姐舒心地笑了。这比那种大声叫嚷："别慌别慌，还来得及！"让人宽心多了。

打开自己的话匣子，不要做沉默寡言的人，要"宣传"自己，让别人在工作上、事业上、心理上都全盘接受你，这对你将大有助益。打开你的话匣子，用一个从讲话中得到快乐的人的话来说：

"在开始演讲的两分钟之前，我宁可被皮鞭打死，也不愿站起来演讲。但是，到了演讲快要结束的时候，我则宁可被枪毙也不愿停止说话。"

任何人，不管你对什么事感兴趣，只要你有讲出精彩的想法，就是打开了话匣子，收获了精彩。不信可以试一下，你会发现自己的天分，找到趣味相投的朋友，获得他人的理解和支持。在工作中或事业发展期间，因为健谈吸引人而获得成功的实例多如牛毛。

比如这样的文章：

"在很久以前，堪萨斯城某单位的负责人因为一次成功的演讲而引起大家的瞩目。当时的这位年轻演讲家，很快地便成为我们公司的副董事长。""现在，他已登上 NCR 董事长的宝座。"

如果你是一位健谈的人，而且你所讲的每一句话都深入人心、铿锵有力，你就能体会到别人对你的专心与注意，体会到自己难以抗拒的魅力和终生难忘的满足感。有了这样的魅力，就有了阿里巴巴的"芝麻开门"，有了打开宝藏的钥匙。

"用心"讲话见效最快。处处留心皆学问，说话也不例外。如果有人告诉你他在想什么，你就应该可以大概猜出他是什么样的人。反过来看，如果你知道他是一个什么样的人，就应该能想到他会说什么样的话。只要你有信心，勤于思考，下定学习的决心，定会一语惊人。只有养成思考习惯的人，才会懂得听众想听什么话，也才会知道自己该如何表达，即使你没有口才，因为"有心"，因为勤奋，日积月累，自然也会有了"露一嘴"的功夫。为此提示您：

1. 不要放弃任何练习机会。

2. 尽量尝试。

3. 冒险带来改变。

4. 学游泳必须下水。

5. 愿望、持续性与自信心。

6. 向每一个人学习。

7. "用心"就能发现奥秘。

8. 水到渠成，功夫不负有心人。

语言面前人人平等，有几分口才说几分，不要视说话为畏途。害怕在众人面前说话的人，不止是你一人。根据调查，有80%~90%的学生，对上台说话感到困扰与恐惧。而已进入社会的成人，则几乎百分之百都害怕公开发表演说。所以你不必害怕，也许你可以做一名最有胆识的人，这是我们相信语言面前人人平等的第一个事实。第二个事实就是某种程度的说话紧张感。这对于讲话和思考反而是有好处的，就像我们面对异常的环境的时候自然采取了一种心理防御措施一样。所以，即使公众场合发表讲话时你的心跳频率加速，呼吸也变得急促，仍然不足为惧，这只是对外界敏感的部分身体功能，开始为活动做准备而已。当这些生理活动准备好之后，你才能比在平常条件下更敏感地运转思维，也才会讲得更流利，同时说得更热烈，达到一种兴奋的状态。若没有这种状态，则很难有高亢的热情和慷慨的陈词，或出现本能的奇思妙语，一鸣惊人。也只有这样语言才有了活力、魅力、诱惑力和煽情的功能。

彰显"第二面孔"的魅力

在社交活动时，用一些带有吸引人的语言——魅力语言处理事情往往也能达到事半功倍的效果。在这时，你会知道，语言是为何变得如此"诱人"、如此"美丽"的。

"语言"是一种生活，又是一种工具，现代社会讲的是"法律"而不相信"自律"，现代人也越来越被动地适应社会的需要，自我控制、自我调节、自我约束的观念在人们的意识中相当深刻，严重伤害了自由的人性。我们必须合理地调整这种状况。

"语言"没有固定的角色。不要因为你是教师或所谓的知识分子，说话就要流露出酸味来，也不要因为你是工人、农民老大粗，就一定要讲粗话。在"语言"的层面上，人是绝对自由的，它没有年龄、性别、高低、贵贱之分。文明社会保证你的自由就是"语言"的自由，你在"语言"上的存在空间将比你在"现实"生活中大得多。你的理想，你的愿望，在现实生活中不一定能实现，或者在生活中根本没有什么幸福快乐而言，那么在语言上一定会有，也一定能通过语言得到补偿。因为幸福没有"量"可言，幸福的"质"体现在快乐上，语言的快乐和其他的快乐方式，没有本质的区别，而且还是一种更深层次的快感。为了获得这种快感，女人往往愿意为此付出很高的代价，政客却正好与此相反，尽管他们在编造美丽的谎言时，挖空心思绞尽了脑汁，但对于他们的目的来说，是非常合算的。如果说职业政客们也是"企业家"的话，那么他们成功的"投资"就是最美丽的谎言。

所以说，要开口讲话，就要想一想政客和女人，不要像很多有"开口欲"的女人，为了说话的快乐最终付出许多东西（男人在这一点上不如女人明显，因为男人都有吹牛的毛病，没有强烈地要求兑现的期待，也不在意对方是否认真倾听），要学政客，把说话当作一种投资，少讲"真心"话，多讲漂亮的话，只有那些中听的话或美好的许诺，听者才会有受益的感觉，甚至认为已经"得到"了许多东西，这就是政客的本领。所以与其为讲"真心"话而让人厌烦（在这里仍然举女人事例），不如学政客讲漂亮话，更受欢迎，更容易受益。

女人之所以爱讲话，是因为说话、演讲是符合快乐原则的，这种宣泄的快乐，是生理的自然属性。有目的地讲话是要有一点功底的。没有功底的人，开口漫无边际，离题太远（大多数人是越讲越远），有时绕了一个圈讲到了目的的对立面，才知道说漏了嘴，所以练一练嘴上功夫很有必要。不管是多么高水平的人，如果讲话信马由缰，肯定都会出现

头脑的风暴

——成功之道

这种结果。因为"真理再往前迈出一步就成了谬误",并且还有"言多必失"之说,它们都很好地说明了语言的特征。如果你能换一个角度,就像政客那样讲讨人喜欢的话,把语言当作一种投资,那你就会提醒自己,只要能达到目的,"投资"越少越好,绝对不会讲错话,自然会节约语言。当然,为了达到目的,政客也不会吝啬最美丽最动听的辞藻的。

为达到目的而操作的语言,虽然不直接表现为生理的快感,但最终实现的仍然是一种快乐,在第一个层面上是通过操作语言为达到了目的而快乐,第二个层面上是操着一流的语言,因语言的高质量高效率,使其欲望更高,为此带来了更多的实现快乐的机会,当然也有可能带来的是"野心",在这我们不打算讨论"野心"的问题。我们只强调,语言的本质是快乐的,并且可以带来更多的快乐,要讲话就必须问一问自己,是准备像年轻成熟的女性那样为一时的快感而开口,还是像政客一样,为达到目的而开口,或是为达到目的的快乐而开口。

无论你是一个什么样的人,向政客学习这一手,都是非常有必要的,即使你在师范学校教授的就是演讲与口才,或者是某营销机构的讲师,都应该明白政客"口技"的优势和独到的功能。因为他们最清楚没有什么"真理"可言,一切事物都是相对的,他们就是为理想、为真理奋斗的人,他达到了目的就是"真理"战胜了谎言;反之,就是谎言战胜了真理,这种思维方式是政客式的思维方式,它曾让政客们百家争鸣,奔走呼号,也使政客骇人听闻,大吹大擂,对此不必有太多的担忧。

首先,你讲的话无论怎么动听多么迷人,税务官也不会要求你们纳税,能雄辩滔滔是20世纪末的艺术,噤若寒蝉是受迫害、受压迫的标志,无论你有多大的收获,也不会有人认为这是属于非法收入,只有"语言"的投资,才可以称得上有投入就一定会有产出。对现在的企业家、金融家来说,有投入就会有产出已成了谬误。

其次,你也不要担心不能兑现甜言蜜语。其实,没有多少语言是需要兑现的,越是美丽的语言越难兑现。这个难字并非是你做不到,是他找不到要求兑现的机会，你愿意为别人摘下满天的星星，可谁会因为你的许诺而提出摘星星的要求呢。所以你不必害怕自己落个"口惠而实不至"的坏名声，因为只有口惠没有实，华丽的语言、浮夸的语言，并不存在可能的"实"。"语言"的魅力就在"难"字上，它"难"倒的不是夸大其词的人，可以毫不夸张地说它难倒的是所有的人。政客都是最好的投资商，滔滔不绝的好听的话，将为他赚得更多的实惠。

以世界人民最信赖的、伟大的民主主义者亚伯拉罕·林肯为例，这个 1809 年诞生在肯塔基州霍金维尔附近山林中一所圆木盖成的简陋木屋里的男孩，虽然出身贫寒，但最终成了美国第 16 位总统，成为伟大的民主主义政治家，并签署了著名的《解放宣言》，被人们称赞为"新时代国家统治者的楷模"。他生平第一次的政治演说就是为了当选伊利诺斯州制宪会议的议员，为了实现愿望，他对自己的同胞说："我是贫民亚伯拉罕·林肯。我的主张像一支古老歌曲一样简短，我拥护建立国家银行，赞成改良内政制度和实行保护关税。"实际上在他当上总统后并没有做到这些，也没人要求他去做，可人们仍然喜欢称他是"诚实的亚伯""我的最善良的朋友"等等，而且是"最有学问、最有智慧的朋友"。

这个一再谦虚地表示自己是出身贫寒的总统的林肯，也遇到过贫民的挑衅。一次在前往华盛顿的路上，当专车途经匹兹堡时，弗里敦镇的一个挑煤工人在人群中大声喊道："亚伯！人家说你是全国最高的人，但是我不相信你比我高。"林肯回答说："你到这儿来，让我们比比看。"这个穿着劳动服、满身灰垢的工人穿过人群走上前来，和总统背对背地站在一起——他们正好一样高，群众立即欢呼起来。林肯用比身高的办法巧妙地化解了一些普通人对他的不满，让这些群众得到了某种心理上的满足，他能体会出把这个机会给一个挑煤工人的意义。

1863 年 7 月 1 日，联邦军在葛底斯堡大会战中击败南军，扭转了战局。同年 11 月 19 日葛底斯堡举行国家烈士公墓落成典礼，林肯应邀发表演说。全文只有十句话，用了三分钟时间。当一个摄影记者手忙脚乱地做好准备时，林肯正讲到"民有、民治、民享"，而演说也到此结束，这位记者甚至没有来得及摄下这个有意义的镜头。这篇号召为自由而献身的演说引起了轰动。美国报纸说他过去演讲时语病百出，可这次完全出人意料，称演说"感情深厚，措辞精练、朴实、优雅，行文完美无缺"，堪称演说的典范，是一篇誉满全球的演说词，将"永垂青史"。

美国前任总统比尔·克林顿，生于阿肯色州，耶鲁大学法学院毕业，曾在英国牛津大学进修，当过律师。原先属民主党自由派，曾是民主党自由派领袖富尔布赖特的"信徒"，从政后，长期担任阿肯色州州长。80年代初竞选州长后，感到原先一套过激的政策主张不合潮流，逐步由自由派转向温和派，并于1990年担任温和派主宰的"民主党领导委员会"主席。1992年大选，正逢美国经济衰退，人民要求改变经济现状之机，他打起了要"变革美国社会"的旗帜，提出了"重建美国"和"人民第一"的口号，以温和的中间路线赢得了选民的支持而坐上总统宝座，结束了共和党连续12年垄断白宫的局面。

他的两大主要社会改革目标——医疗保健计划和福利改革，却因涉及各方利益而受到共和党保守派和各处利益集团的反对，迄今仍在国会搁浅。尽管美国经济形势有所好转，但克林顿并未履行其竞选中对中产阶级许下的诺言，反而使他们的收入下降。

美国早期的总统亨利·哈里森，在竞选时，也是不谈政策，只提出蛊惑人心的口号，如"选上哈里森，一天就有两块钱，还有烤牛肉"等等，结果却在就职典礼时感受风寒，后转为肺炎，一病不起，在职仅一月即病故，成了第一位在白宫去世、死于住所的总统。没人指责他们是骗子，因为此一时、彼一时，政治家们都精于此道，只担心功夫不到家。

美国年龄最大的总统罗纳德·威尔逊·里根，靠半工半读完成大学学业；爱好体育和戏剧，在学生中有一点口才被同学选为新生代表，在一次与校方发生的冲突中，他起草请愿书，并递交学校董事会，迫使院长辞职而大出风头。

1932年，整个西方世界已陷入经济危机的深渊，美国所受的打击最严重，刚走出校门的里根想找工作更是难上加难。当时他很想进入戏

才：成功的捷径——

141

剧界或电影界，但又苦于无门路，只好暂时在洛厄尔公园当水上救生员，挣些路费再到别处找工作，挣到一些钱后，他先到芝加哥一些大电台求职，却都没有成功。后来他父亲建议他到附近的一些小电台碰碰运气。刚好衣阿华州达文波特市的 WOZ 电台要招聘一名播音员，由于里根在大学读书期间当过体育播音员，很快便被录用，月薪 100 美元，在此工作一段时间后，便被调往梅得因市的 WHO 电台（属全国广播公司网的一个电台），除播音外，还进行采访并为报纸撰稿。由于他的音色雄浑而洪亮，并善于在麦克风前绘声绘色地转播比赛实况，很快就成为中西部有名的体育新闻广播员，四年的电台广播工作，使里根的口才得到进一步的锻炼和提高。

里根认为，总统的职务主要是掌管大政方针，不须事必躬亲，他只抓重大决策，避免介入问题的细节。他处事机智，思想敏锐，但并非才智出众。据报道，他的知识面较窄，消息也不太灵通，处理国内外事务缺乏应有的知识和经验，因此，十分倚重智囊，在作出决定之前，通常都要与顾问和部长们商量，听取他们的意见，有时也会听取部下的意见，包括反对意见。处理问题时喜欢先由助手提供一页简明的"微型备忘录"，内容分四段：问题焦点、事实、分析、结论或建议，然后由他作出决定。他有时也很固执，对于助手的意见往往听不进去，甚至心血来潮，在外交谈判中突然提出事先未曾讨论过的问题，助手们提心吊胆，怕他会捅出娄子，闹出笑话来。

他思想保守，有时言词激烈，但行动较谨慎，处理问题时具有一定的灵活性，必要时能对反对者进行妥协，有人称他为"现实主义的保守主义"。例如，他在竞选总统时批评卡特政府同苏联签订的第二阶段限制战略武器条约有"严重缺点"，但他担任总统后，却谨慎地遵守该条约。上台前，他攻击卡特政府同中国建交是"出卖台湾老朋友"，扬言要恢复同台湾的"官方关系"，但就任以后说"我肯定不是一个僵硬的教条主义者。我忠实地信仰某些重大的原则"。但是"如果以温和的方式行事意味着更为明智和有效，我肯定是个温和的人"。

无论美国的哪位政治家，要想爬上总统的宝座，往往都是在"和平与繁荣"的口号下，对选民作出种种许诺，如向妇女许诺当选后要给幼儿保育拨款，对老人答应取消社会保险金收入的限制，加强环保，改善医疗条件，不增税，平衡预算，提高教育质量等，总之一条，让他做总统就有幸福美好的明天，专拣好听的说，要搞政治必须学会这一套，否则行不通，这是有一定的道理的。

抓住听众的耳朵

在演讲中，有时会出现一些意料不到的事情，比如：某个听众突然提出反对意见，挑三拣四，企图打乱演讲者的全盘计划。这时，只要你能灵活机动的发挥自己的口才能力，就能顺利地应付评论和挑剔的听众。

1. 如何精明地回答难题

首先，仔细听清提问。其次，重复或解释一遍问题以免听众没听清。走开并将目光移开提问者，这样他就不会成为关注的中心。然后，作为表达者，你可以采用下列的方法：

（1）回答这个问题；

（2）将问题抛还给提问者；

（3）问问听众中有谁能回答。

如果提问者还坚持要谈论或提问，你可以巧妙而镇定地说："现在让我们给其他人提问的机会。"或"我得在规定的时间内讲述完整，所以我得将发言继续下去，我希望以后能有机会讨论更多的问题。"

2. 如何顺利地应付反对意见

有的人在一群人面前发言时，表现出欢迎批评的勇气。这种情况看起来非常有趣，它照例会招来听众的评论——不论是赞成还是反对。听到赞同的意见，发言者会情绪大涨、洋洋得意，自信"我已将他们团结在我周围"。

但有时，某个听众偏偏会提出反对意见，挑三拣四，打乱演讲者的全盘计划。

比如，在某高校，一个著名的政治评论家进行了一场演讲。她引用了许多观察材料，并对国际政治事件做了精辟的分析。当演讲结束时，她让听众提问。一个坐在前排的人举了手，他站了起来，直视着评论家的眼睛，大声地说："那又怎样！"

评论家目瞪口呆。她问那提问者："什么，什么怎样？"

提问者瞪着她，答道："你做了许多推想，堆砌了不少事实，但那又怎样？你的观点可能会对现实世界带来任何影响吗？"

提问者的话就像往评论家的心上插了一刀，并在她奄奄一息时慢慢转动刀子。

幸运的是，评论家其实不必担心。评论家可以承认对方的观点，或解释一番自己的观点之后再继续。如果问问"别人还有什么看法"，还可能会鼓动听众参与讨论。

但是，最明智的做法还是应该巧妙地给一个含糊不清的回答，然后继续下去。你可能知道，巧妙而含糊的回答是一种有用的应答技巧，用这种方法，说话者可以给对方一种印象——他会以为自己完全正确且深受赞同。一个很好的例子就是，这样回答听众的批评：

"那确实是一个要点"或"你的确很有想法"。

一旦听到这种回答，提出批评的人便会认为自己的批评得到了理解或认同。实际上，回答者自然不一定理解或赞同。毕竟，任何评论都是"要点"或表达了"某种想法"。表达者没必要自寻烦恼，说那是个荒谬的观点或糟糕的想法。他只需承认提问者提出了一个"要点"或表达了某种"想法"就够了。同时，通过这样一个巧妙而含糊的回答，表达者可以继续控制住听众并得到提问者的尊敬。

3. 老练地应付挑剔听众的秘诀

一个难缠的听众可能是你的竞争者或对手，他只想证明自己比你更强；也可能只是个缺乏礼貌和教养的家伙；或者是个鲁莽的家伙，他确实不同意表达者的观点，只是不知道如何提出才更礼貌些。无论那些存心捣乱的人有何种理由和目的，发言者都应能够得体圆滑地应付那些挑剔的人。首先，发言者必须一直保持头脑清醒、镇定自若。要做到这样，就得：

（1）行为举止若无其事；

（2）别畏惧；

（3）善解人意。

如果你当时坐着，就站起来，以造成一种有权威的感觉。

在造出镇定、文雅和自制的声势之后，就按你在其他情况下应该做的那样来处理反对意见：

（1）表示赞同；

（2）解释一番；

（3）巧妙地给一个模糊的回答然后继续下去。

你也可以来个开放式提问，鼓励听众参与讨论。

例如"你们中还有谁有什么想法吗？"必须注意的是：只有当大多数听众看起来站在你一边时才能鼓励他们参与讨论，否则，会适得其反。

语言的魅力

人们在社会中生活，要交流信息，要沟通思想，靠什么呢？靠有一定的语言交际能力。在这种语言交际能力中，口语能力尤其重要，应用也最广泛，不善言谈的人是很难让人了解其价值的。

现代社会是一个竞争与合作的社会，有的人在竞争中失败，有的人在合作中成功，这其中奥妙何在？生意场上有"金口玉言，利益攸关"之说，政治场上有"领导过问了""一言定升迁"之说，文化界有"点睛之笔""破题之语"，生活中更有生死荣辱系于一言之说。可见，在现代交际中，是否能说、是否会说，影响着一个人的成功与失败。

一位当翻译的朋友很有感慨地谈起他刚刚参加过的一次涉外谈判。他说，3 位美国的工程师谈吐自如、幽默风趣，而我们的 3 位工程师论专业知识并不比人家差，可就是"茶壶里煮饺子——有货倒不出来"。

人们在社会中生活，要交流信息，要沟通思想，靠什么呢？靠有一定的语言交际能力。在这种语言交际能力中，口语能力尤其重要，应用也最广泛，不善言谈的人是很难让人了解其价值的。

1991年11月，中国电影"金鸡奖"与"百花奖"在北京同时揭晓。李雪健因为主演《焦裕禄》的主角焦裕禄，而同获这两项大奖的"最佳男主角"奖。李雪健在颁奖会上致答谢词的时候，说："苦和累都让一个好人——焦裕禄受了，名和利都让一个傻小子——李雪健得了……"他话音刚落，全场掌声雷动。他恰如其分地运用对比的两句话，既歌颂了焦裕禄的高尚品质，又表达了自己受之有愧的心情，而且很有幽默感，给人留下了深刻的印象。

在社会上，人们的能力有高有低，要快速了解他们，不妨看看他们的口才。能力的高低，其主要表现是说话的艺术。语言的力量能征服世界上最复杂的东西——人的心灵。通过成功的口才这一媒介，不熟识的人可以熟识起来，长期形成的隔阂可以消失，甚至单位之间、社会集团之间、国家之间的矛盾有时也可以通过它得到解决。若是语言运用不当，也可能导致交际失败，甚至损害自身形象。

上海电视台1986年举办了一个江、浙、沪越剧演唱大奖赛。经过激烈的争夺，一位越剧新秀一举夺魁。他在致答谢词的时候说："今天，我捞到了第一名……""捞"字出口，全场哗然。在这种公开的场合如此说话，只会给人以粗俗浅陋之感，致使他的"新秀"形象顿时在观众的心目中暗淡了许多。

目前，改革开放的政治形势和现代信息化社会对口才提出了时代的要求，这是时代的需要，也是人们在日常生活中应具备的一种能力。在社会、生活的各个领域，从公关到外交，从教师到商人，能言善辩、出口成章的人越来越显示出一种固有的优势。

语言是"思想的直接现实"，是信息的第一载体。而口语又是人们最广泛应用、最经济简便的表达方式和交流手段。许多人为什么不善言谈，"有货倒不出来"呢？在当年中日两国青年的联欢中，为什么日本青年大都洒脱自如、善于言谈，而我国青年大多拘谨木讷呢？有些人在全国或国际的某种比赛上获奖，为什么面对记者的采访竟连一句有实际意义的话都讲不出来呢？许多人参加演讲，为什么会把已经背诵得滚瓜烂熟的演讲词忘得一干二净，怎么也想不起来呢？许多人在聚会和社交的场合，为什么会金口难开、忸怩腼腆，尤其是和异性、陌生人、领导人物交往，更是脸红、心跳，羞于启口或是语无伦次、不知所云呢？……这一切意味着什么呢？难道这是由于这些人弱智低能吗？当然不是！这是一道普遍存在的社会性难题。难道只是老实巴交不敢说，拘谨木讷当"闷葫芦"的问题吗？当然不止于此，那些信口开河、言之无物、废话连篇的常见病，多发病，也是一种有口无才的表现。难道我们许多人的笨嘴拙舌或有口无才是种族遗传下来的弱点和毛病吗？当然不是！我国是文明古国、礼仪之邦，历史上，孔子运用口语艺术开展教育；晏子使楚口才不凡；苏秦以雄辩之才挂起六国相印；张仪四处游说建功立业；范雎说秦王；触龙说赵太后；蔺相如"完璧归赵"；诸葛亮联吴抗曹、舌战群儒……到了近代和现代，也出现了梁启超、孙中山、鲁迅、毛泽东、周恩来、闻一多等等许多能言善讲的大师巨擘。可见，口才的兴盛是和文化发展、思想活跃、人才蜂起密切相关，同步一致的。如今，文化教育空前普及，各种人才亟待开发，而许多人却口才拙劣，这并非是先天不足，而是长期的传统观念和因循守旧的教育弊端所导致的不良后果，是长期不重视口才训练的必然结果。

中国有句古话："听君一席话，胜读十年书。"的确，跟那些有知识，且具有口才的人交谈，比喝了醇酒更令人兴奋，比听交响乐更能振奋精神。良好的话语可以带给人愉悦和欢畅，增加知识和修养，激发创造力，也可以增进人们感情的融洽。

在经济发达、重视信息的社会中，人们常常根据一个人的讲话水平和风度来判断其学识、修养能力。口才与交际的学问作用之大，影响之大，远远超出了我们的意料。美国人早在 20 世纪 40 年代就把"口才、金钱和原子弹"看作是赖以在世界上生存和竞争的三大法宝。60年代以后，他们又把"口才、金钱和电脑"看作是最有力量的三大法宝。值得注意的是，随着科学技术的迅速发展，用"电脑"代替了"原子弹"、而"口才"竟连续独冠"三要"之首，足见其作用和价值非同小可，其中的奥秘使我们有充足的理由认定：是人才者未必有口才，而有口才者必定是人才，而且是不可多得的人才。世界上没有任何一个正常人不需要说话，不需要和别人交流，也没有任何一种工作不需要和别人打交道。信息社会就是要提高信息的价值，人际交往日益频繁和现代生活就是要发展口才与交际能力。所以，口才和交际能力确实是我们提高素质、开发潜能的主要途径，确实是我们驾驭生活、改善人生、追求事业成功的无价之宝。

通观古今中外，凡是有作为的人，都把口才作为必备的修养之一。古罗马共和国末期的政治家西塞罗是一位雄辩家。公元前63年，西赛罗当选为执政官，遇到了以喀提林为首的阴谋集团夺取政权的事件。为揭露他们的阴谋，西塞罗在元老院接二连三地发表了著名的《反对喀提林》等四篇演说。在演说中，他表现了高超的口才，用讽刺、比喻、比较等修辞手法，把简练明快的词汇巧妙结合起来，使其演讲跌宕紧凑，犹如高山流水，欢畅清澈，雄壮有力。结果，口才成功地帮助西塞罗击败了喀提林。林肯的《裂开了的房子》和《葛提斯堡的演说》，感情炽烈，思想深邃，为武装美国人民的思想起到了不可估量的作用。

对于一般人来说，虽不至于用演说引导群众，鼓舞士气，但日常生活、工作中与人交际也需要有良好的口才。否则，成功之路将会更加曲折。

毫不夸张地说，口才是一门语言的艺术，是用口语表示思想感情的一种巧妙的形式。懂得语言艺术的人，懂得相处之道的人，他不会勉强别人与自己有相同的观点，而是巧妙地引导他人到自己的思想上来。那些善于用口语准确、贴切、生动地表达自己思想感情的人，办事往往圆满。反之，不懂得语言艺术的人，最后自己也会陷入困境。不重视口才锻炼的人，一生中失败于口才的事是屡见不鲜的，甚至会因说话不当而导致意想不到的恶果。有位少年卧轨自杀，起因是这位16岁的学生因外出游玩没做功课，被父亲骂了一句："真是人头猪脑，还不如去死。"就是父亲的这么一句气话导致了这场悲剧。如果他能够心平气和地与孩子讲道理，运用口才的一些具体技巧耐心说话，这种悲剧是完全可以避免的。

美国俄亥俄州的马瑞塔学院把毕业之后工作不久和毕业之后工作10年以上的新老两部分毕业生请回学院进行测验，让他们根据各自的亲身体会回答：你在学校里学的哪一两门功课对你走上社会最有用？新老毕业生一致回答：最有用的课程是演讲学和交际学，它教会我们怎样说话，怎样与人打交道。其次是英语课，它教会我们怎样阅读和写作。

在美国留学多年的朋友告诉我：口才和交际的学问，在美国和日本等发达国家早已盛行，不论是学校教育还是成人教育都很重视开设这门课程。在这方面，我们也需要睁开眼睛看世界。

10年前，我国有几位专家学者赴美考察，这是第一次以演讲与交际为目的的出国考察。他们了解到，美国各个中等学校和高等院校都把演讲与交际作为必修课开设，小学有口语训练课。他们所到的院校都有演讲大厅和设备完善的演讲练习室。各院校经常开展演讲、论辩比赛和各种交际活动。教演讲学和交际学的教师水平很高，不但知识丰富，有理论著述，而且具备高超的实践能力。美国社会各阶层、各行业都很重视口才和交际能力，其中最受尊重，能赚大钱的政治家、企业家、律师、教授、牧师、商人和医生等几种人都具备出众的口才，善于演讲和交际，难怪他们把口才列为"三大法宝"的第一位。

在我国，人们也逐渐认识到：说话、演讲的能力已成为现代人必须具备的重要能力，更是创造型、开拓型人才的必备素质。口才这门学问的重要性愈来愈清晰地呈现在人们的面前，从而也促使人们加深了对它的研究。

但是，有些人却认为，不论有无口才，只要自己有其他才干，同样可以达到成功。可是，才干被认识，需要有一个过程，特别是双方接触时间不长，相互还不了解的情况下。许多时候，还需要"毛遂自荐"，向对方展示自己的能力，这就必须借助于口才了。当代口才艺术大师代尔·卡耐基说过这样一件事：费城有一位青年，为谋求职业，整天在街上徘徊，为的是想让哪一位阔人能发现他的"存在"。然而，不管他做出什么引人注目的举动，都无法引起人家的注意。有一天，他灵机一动，突然闯进该城巨富鲍尔·吉勃斯先生的办公室，请求主人牺牲一分钟接见并容许他讲一两句话。吉勃斯看到这位衣衫褴褛的青年精神奕奕，也许出于怜悯，破例满足了他的要求。起初，吉勃斯只想应付一两句，想不到两人越谈越投机，一直谈了一个小时。结果，这位青年获得了一个优越的职位。这样一个穷途落魄的青年，在以前谋职一无所获的情况下，竟在半天之内获得如此完美的结果，不能不归功于他说话的魅力。

再举一个口才优秀的人的成功事例：

选美，一般人以为只要一个年轻女子长相漂亮，天生丽质，便有可能交上好运。其实，有些摩登女郎虽然外貌标致俊俏，服饰更是新奇漂亮，但文化素养很差，语言粗俗浅陋，不仅当众说话毫无魅力可言，外表的美貌也因此而丧失了光彩。而在1986年和1988年分别当选为"最佳亚洲小姐"和"最佳太平洋小姐"的利智，不仅以美丽的仪表和姿态使评判团和广大观众为之倾倒，更以机智灵敏的思维和超凡脱俗的谈吐令人拍案赞叹。

司仪问："你夺冠后，如果曾与你为敌的人前来献殷勤，你将怎样对待？"

利智说："我会热情温柔地向他们说声'多谢'！因为真正的敌人，有时也会成为真正的朋友。他们的嘲讽刺激使我更加努力，才有夺冠的今天……"

司仪问："美，多少年不变？短暂的美，是不是美？"

利智答："美是没有年限的。短暂的美也是美。中国古代的四大美人，她们的生命是短暂的，但她们的美名却流传百世。"

利智的即兴回答恰到好处，不仅让司仪、评委和广大听众倾服，也让与她激烈竞争的对手心悦诚服，报以热烈的掌声和喝彩，倾倒了上万人的心。

有一位学富五车的学者，一次去参加一个讨论会，在会上被主人请起来"随便讲几句话"时却窘迫之极，一言不发，无地自容地败下阵来。这使我们想到，有学问的人如果缺乏机智应变的口才，那么，除了使人感到遗憾之外，说明知识和能力结构上还是存在缺陷的。这种缺陷目前在我们周围很多人身上都还存在着。

我国自古以来就有讲究日常说话的传统，对口才的作用有较高的评价。孔子说过，一个人说一句话可以表现出他的聪明，但也可以表现出他的愚蠢。他说，君子对于自己说的话，是从来不马马虎虎对待的。经常说有益有用的话，人就变为万物之灵；而经常说无用有害的话，人就变成万物之怪。口才能力的提高就是要使人能够接近万物之灵，远离万物之怪，走向高层次的文明。作为现代文明社会的一分子，更是有必要重视和训练口才。

在西方有位哲人还说过："世间有一种成就可以使人很快完成伟业并获得世人的认识，那就是讲话。"人才或许不是口才家，但有口才的人必定是人才。口才是现代智能型人才的基本素质，思维敏捷、能言善辩是事业成功的保证。当年王光英到香港创办光大实业公司，他一下飞机，一位女记者以蔑视的口吻，突然发问："你带了多少钱来？"王光英先是一惊，少顷，随机应变地回答："对女士不能问岁数，对男士不能问钱数。小姐，这是公认的吧，你说对吗？"在场的记者哈哈大笑。王光英机智的言辞不仅使自己摆脱了窘况，而且给人留下了良好的印象，等于给他要办的公司做了一次不费分文而效果特佳的广告。有这样应付自如的企业家，你不得不相信这家公司会"光大"起来。

对教师来说，要在课堂上讲好课，更离不开口才。要把书本上的知识和自己头脑里的创造性思想，通过自己的嘴去传授给学生，尽可能产生好的课堂效果，口才起着关键性的作用。可以说，口才的好坏是衡量一个教师是否称职的重要标志之一。

有些人以为自己将来并不想当教师，更不想当企业家、外交家，口才的学问可有可无。殊不知，科学技术的突飞猛进，对人们口语表达的要求日益提高。如自动化的显著标志之一，就是人们用口语指挥机器。现代化的车站、码头、飞机场，甚至开汽车、飞机都可以通过人机对话进行指挥和管理。人和机器对话，虽然不要求人有纵论天下的雄辩口才，但口才的一些基本原则还是要熟练掌握的，起码你说的话要标准，且合乎逻辑。否则，机器就不会按你的意愿去办事。还有一些人不了解口才的巨大的作用，甚至看不起会讲话的人，认为表现口才是"耍嘴皮子"。其实口才绝不是只凭两片嘴皮子，而是一种综合能力的体现。一个善于说话的人，首先必须具有敏锐的观察力，能深刻认识事物，只有这样，说出话来才能一针见血，准确地反映事物的本质。其次，还必须有严密的思维能力，懂得怎样分析、判断和推理，说出话来才能滴水不漏，有条有理。最后，还必须有流畅的表达能力，词汇丰富、知识渊博，话才能说得生动通顺。正因为口才具有综合能力的特征，所以说：口才是学识的标志，是事业成功的阶梯，只有拥有美丽的语言才会有美好的人生。